꼬마셰프와
시작하는
첫 요리

꼬마셰프와 시작하는 첫 요리

초판 인쇄일 2024년 6월 5일
초판 발행일 2024년 6월 12일
2쇄 발행일 2024년 6월 26일

지은이 김주호&주호맘(이지혜)
감수자 김경란
발행인 박정모
발행처 도서출판 혜지원
등록번호 제9-295호
주소 경기도 파주시 회동길 445-4(문발동 638) 302호
전화 031)955-9221~5
팩스 031)955-9220
홈페이지 www.hyejiwon.co.kr 인스타그램 @hyejiwonbooks

기획 박혜지, 박주미
진행 박혜지
디자인 김보리
영업마케팅 김준범, 서지영
ISBN 979-11-6764-067-3
정가 18,500원

꼬마셰프와 시작하는 첫 요리

김주호& 주호맘(이지혜) 지음

혜지원

프롤로그

요리는 아이와 부모를 놀랍도록 성장시킵니다.

"엄마, 행복해? 주호는 행복해."
"주호는 왜 행복한데?"
"그냥, 행복해."

이제 막 말문이 트이기 시작한 24개월 무렵 아이와의 대화라는 게 믿겨지시나요? SNS에서 아이의 요리 영상을 보신 많은 분들이 아이가 정말로 요리를 즐기고 행복해하는 것 같다는 말씀을 하셨어요. 실제로 아이와 요리를 하면서 생긴 가장 눈에 띄는 변화는 표현력이 놀랍도록 풍부해졌다는 것이에요. 맛에 대한 표현뿐 아니라 자기 감정의 표현, 타인에 대한 애정 표현까지도요.

처음 요리를 시작했을 땐, '맛있다'와 '맛없다' 이 정도 표현이 전부였어요. 갈수록 '짜다, 맵다, 달콤하다' 등의 구체적인 맛 표현부터 '조물조물, 동글동글, 거칠거칠' 등 실제 식재료와 음식을 통해 그 감각을 느끼고 표현할 줄 알게 되더라고요. 꼭 요리에 대한 표현이 아니더라도, 아이와 함께 만든 음식을 온 가족이 같이 먹으며 이런 저런 일상의 대화를 많이 나누다 보니 점점 표현력이 폭발적으로 성장하는 게 느껴졌어요.

아이와 요리할 땐 위험하지 않은 범위 내에선 가급적 아이가 모든 과정에 직접 참여해 볼 수 있게 해 줘요. 아이가 어디까지 할 수 있는지는 사실 시켜 보지 않으면 알 수 없거든요. 이러한 과정에서 아이 역시 자율성과 자아존중감을 느끼는 것 같아요.

대부분 요리 육아를 시도하는 가장 큰 이유이자 목표는 바로 '잘 먹는 아이'로 키우는 것일 거예요. 직접 식재료를 씻고 잘라 보고, 여러 재료들과 섞어 보기도 하면서 자연스레 식재료와 친해지고 새로운 음식에 대한 경계심도 낮출 수 있어요.

실제로 주호는 편식이 거의 없는 편이에요. 처음 보는 식재료도 일단 만져 보거나 향을 맡아 보거나, 맛을 보고 싶어 해요. 생 애호박을 그대로 씹어 먹거나, 밀가루를 그냥 먹어 보기도 하는 등의 행동으로 엄마를 당황시키기도 하지만, 이 역시 음식에 대한 선입견이 전혀 없는 데서 나온 것이라고 생각해요.

편식이 있거나 입안 감각이 예민해서 특정 음식을 잘 받아들이지 못하는 아이, 또는 먹는 데 별다른 흥미를 느끼지 못하는 아이라면 더더욱 요리에 같이 참여해 보는 경험이 큰 도움이 될 거예요.

물론 편식이라는 게 하루 아침에 좋아지기는 어렵겠지만, 분명한 건 아이와 함께 요리를 하면서 안 먹던 아이가 조금씩 먹어 보기 시작하고 음식에 흥미를 갖게 되었다는 분들이 정말 많았다는 것이에요.

혹여나 우리 아이에게만 효과가 없는 것처럼 느껴지더라도 아이와 재미있게 놀이하고 좋은 추억을 남겼다 생각하고 기다려 보세요. 변화는 서서히 찾아올 테니까요.

아이가 요리하는 걸 지켜보는 일은 생각보다 쉽지 않지만 또 생각만큼 어렵지만도 않아요. 애초에 먹을 수 있는 음식을 만든다는 기대를 하지 않으면 돼요. 같이 사부작사부작 놀이하다가 운 좋으면 같이 먹기도 하는 것이고 안되면 그냥 놀이한 셈 치는 거죠. 아이에게 비싼 장난감도 사 주는데 몇 천 원짜리 간장 한 통 쏟는 게 대수인가요. 물론 말은 이렇게 해도 저 역시 막상 눈앞에서 간장을 쏟고 바닥에 쌀이 흩뿌려지고, 사방에 깨가 날아다니는 걸 보면 화가 치밀어 오르기도 합니다. 아이가 하는 게 답답해서 당장이라도 대신해 주고 싶은 마음이 굴뚝같아져요. 하지만 아이의 놀이를 대신해 주겠다는 부모가 없듯, 이 과정도 하나의 놀이로 인정하고 아이에게 마음껏 해 볼 수 있게 기회를 준다고 생각해 보세요. 엄마의 마음에도 점점 여유가 생기실 거예요. 저 역시 기회를 주고 기다려 주고 칭찬해 주는 제 모습에서 행복을 느끼는 아이를 보면 거듭 인내를 다짐하게 됩니다.

어떠세요? 이 정도면 당장이라도 아이와 간단한 요리부터 함께 시작해 보고 싶어지지 않나요?

재미있게 만들고 맛있게 먹을 수 있는 레시피들을 담았어요.

이 책에 담긴 레시피는 아이와 재미있게 만들고 온 가족이 맛있게 먹었던 요리에 대한 기록이에요. 일상적인 메뉴들도 모두 아이와 같이 먹을 수 있는, 맵지 않고 자극적이지 않은 레시피들로 변형하고 건강에 도움이 될만한 식재료와 양념들을 사용했어요.

아이와 요리를 어떻게 시작하면 좋을지, 어떤 메뉴들을 만들어 보면 좋을지 고민하시는 분들이 계신다면 이 책이 좋은 가이드가 되어 줄 거예요. 처음 시작할 때 필요한 준비물부터 어떤 활동부터 해 보면 좋을지에 대한 가이드, 그리고 아이가 맛있게 먹었던 레시피까지 지금까지 약 500회 이상 아이와 함께 요리해 본 경험들을 토대로 쉽고 자세하게 정리하였습니다.

물론 아이마다 입맛이 다르고, 저마다의 기질과 소근육 발달 정도도 다 다를 거예요. 내 아이를 가장 잘 아는 사람은 부모 자신인 만큼 각자 아이의 기호와 속도에 맞춰 보세요. 엄마가 가이드는 해 주되 요리를 완성하겠다는 목표 의식에 사로잡히기보다는 아이를 관찰하고 도와주면서 함께 교감하는 데 집중해 보세요. 아이와 만든 요리를 온 가족이 함께 먹으면 맛에 대한 이야기뿐 아니라 어떤 재료가 들어갔는지, 어떻게 만들었는지 등 아이와 교감할 수 있는 다양한 이야깃거리들을 만들어 나갈 수 있어요. 아이 역시 자기가 만든 음식을 엄마, 아빠가 맛있게 먹는 모습을 보면서 성취감과 자존감이 하늘을 찌를 거예요.

이 책을 보시는 부모님들마다 목표하는 바는 다를 수 있어요. 편식하는 식습관을 바로잡기 위해, 소근육 발달을 위해, 독립성과 자립심을 키워 주기 위해, 목표가 무엇이든 일단 시작하시는 데 도움이 되셨으면 좋겠습니다. 이 책과 함께 아이의 인생 첫 요리로 온 가족이 맛있는 식사를 하며 행복을 나누는 즐거운 상상을 해 봅니다.

마지막으로 이 책의 시작과 끝, 꼬마셰프 주호와 나의 소울 메이트인 사랑하는 남편, 그리고 이토록 사랑스런 아이를 우리 부부에게 맡겨 주신 하나님께 감사드립니다.

주호 엄마(이지혜)

추천사

광주여자대학교 유아교육과 교수 김경란

우리나라는 유치원, 어린이집에서 교육하는 만 3-5세 유아를 위해 2019년에 유아·놀이중심 교육과정을 개정하고 이를 통해 어린이의 발달에 적합한 교육 전반에 대해 제시하고 있다. 유아교육의 기본인 누리과정에서 교육적 비전으로 추구하고 있는 인간상은 **건강한 사람, 자주적인 사람, 창의적인 사람, 감성이 풍부한 사람, 더불어 사는 사람**이다.

이에 교육부는 '유아 중심 및 놀이 중심' 교육과정에서 추구하는 인간상 실현을 위해 다음과 같은 누리과정의 목표를 두고 있다. 첫째, 건강한 사람이 되기 위해 자신의 소중함을 알고, 건강하고 안전한 생활 습관을 기른다. 둘째, 자주적인 사람이 되기 위해 자신의 일을 스스로 해결하는 기초능력을 기른다. 셋째, 창의적인 사람이 되기 위해 호기심과 탐구심을 가지고 상상력과 창의력을 기른다. 넷째, 감성이 풍부한 사람이 되기 위해 일상에서 아름다움을 느끼고 문화적 감수성을 기른다. 끝으로, 더불어 사는 사람이 되기 위해 사람과 자연을 존중하고 배려하며 소통하는 태도를 길러야 한다는 것이다.

(교육부, 보건복지부(2019). 2019개정 누리 과정 해설서. 세종특별자치시: 교육부, 보건복지부)

이러한 점에서 아이와 함께 하는 요리 활동은 유아의 발달에 적합한 교육과정에서 추구하고 있는 건강한 사람, 자주적인 사람, 창의적인 사람, 감성이 풍부한 사람, 더불어 사는 사람이라는 인간상을 갖추며 성장시킬 수 있는 최고의 교육 활동이라는 점을 강조하고 싶다.

저자는 아이와 함께 요리하는 동안 아이에게 기회를 주고 칭찬을 해줌으로써 엄마의 마음에도 여유가 생겼다고 말한다. 또한 이러한 엄마의 모습에서 행복을 느끼는 아이를 보면서 엄마로서 거듭 인내를 다짐하게 되었다고 했다. 저자는 이 책의 내용이 그저 아이와 재미있게 요리하고 온 가족이 함께 맛있게 먹었던 요리 활동의 기록 정도로 겸손하게 말한다. 그러나 실제 이 요리 활동들은 아이의 소근육 발달은 물론, 편식하는 식습관을 바로잡고, 독립심과

자립심을 키우는 데 매우 효과적인 방법이다.

나 역시 이 책을 통해 아이가 자신의 인생 첫 요리를 즐거운 마음으로 만들고, 또 자기가 만든 요리를 맛있게 먹어 주는 엄마 아빠를 보며 행복해하는 모습을 기쁜 마음으로 상상해 본다. 비록 아이가 처음 만드는 음식이 저자가 말한 것처럼 먹을 수 있는 음식은 아닐지도 모르지만, 아이와 함께 요리를 놀이처럼 하다 보면 "맛있다, 맛없다"로 시작된 말이 "짜다. 맵다. 시다, 새콤해, 달콤해, 부드러워, 딱딱해" 등 실제 식재료와 음식을 통해 느낀 표현력들이 놀랍도록 풍부해지는 모습을 볼 수 있을 것이다.

무엇보다 가장 중요한 것은 **부모와 자녀가 함께 요리 활동을 하고 식사하는 동안 집중적인 상호작용이 일어나게 되며, 이는 깊은 신뢰 관계 형성으로 이어진다는 것**이다. 또한 저자가 강조하듯, 가급적 위험하지 않은 범위 내에서 아이가 모든 과정에 직접 참여해 볼 수 있게 해 주기를 권한다. 이는 곧, **아이의 자율성과 자아존중감 형성으로 이어져 앞으로 아이가 삶을 살아감에 있어 인생 최고의 선물이 될 것**이다.

이 책은 **엄마와 꼬마셰프의 요리 활동이 부모가 자녀를 위해 할 수 있는 최고의 교육 방법임을 구체적으로 보여 주고 있다.** 이처럼 유아기의 교육은 일상에서 부모와 상호작용하는 지금, 여기에서 이루어지고 있다. 아이는 날마다 만지고, 보고, 듣고, 이야기 나누는 동안 성장한다. 아이의 손을 잡고 주방으로 가자! 지금부터라도 재미있는 요리놀이로 아이에게 최고의 시간을 선물하는 교육 혁명을 시작해 보자!

알아두기

이 책에서 제시하는 요리 활동에는 과정 하나하나에 우리 아이들에게 필요한 누리과정 영역이 녹아 있어요. 아이와 상호작용하는 부모의 말 속에는 어떤 누리과정 영역이 담겨 있는지, 또 아이가 요리하는 활동 속에는 어떤 교육적인 의미가 포함되어 있는지 알려 드릴게요.

* 2019 개정 누리과정 각 영역의 내용에서 '~한다' 를 이 책에서는 '~해요'로 기술하였습니다.

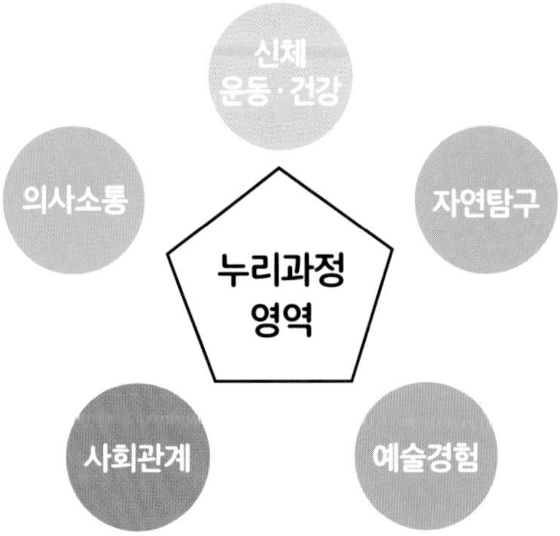

예시 1. 청포묵김무침

요리 활동 순서 1 청포묵을 아이가 먹기 좋은 크기로 썰어요.

1 청포묵을 만지는 손의 감촉을 느끼고 말로 표현한다("미끌미끌해, 말랑말랑해").

신체 운동·건강 — 내가 할 수 있는 것을 스스로 해요.

의사소통 — 자신의 경험, 느낌, 생각을 말해요.

2 청포묵의 형태를 안다.

("네모·세모 모양이 되어요, 동그라미 틀로 찍으면 동그라미 모양도 만들 수 있어").

자연탐구 — 물체의 위치와 방향, 모양을 알고 구별해요.

3 청포묵을 썰면서 길이를 측정한다.

("짧게, 조금 더 짧게, 길게, 조금 더 길게, 중간 길이가 되었어").

자연탐구 — 일상에서 길이, 무게 등의 속성을 비교해요.

4 청포묵을 썰면서 숫자를 센다("한 개, 두 개, 세 개, 더 많이, 더 조금").

자연탐구 — 물체를 세어 수량을 알아본다.

요리 활동 순서 ② 끓는 물에 넣고 묵이 투명해지면 건져내 찬물에 헹궈 주세요.

1 냄비의 물의 양을 측량한다 : 물이 넘치지 않게 물의 양을 조절한다.

청포묵을 넣고 데치기 위한 물의 양을 알고 조절한다.

자연탐구 — 궁금한 것을 탐구하는 과정에 즐겁게 참여해요.

2 물의 온도가 뜨거워지면 주의를 기울인다 : 물의 온도 변화, 뜨거운 물의 위험성, 자신의 신체 안전

자연탐구 — 물체의 특성과 변화를 여러 가지 방법으로 탐색해요.

신체 운동·건강 — 안전사고, 화재, 재난, 학대, 유괴 등에 대처하는 방법을 경험해요.

3 물체의 변화를 탐색한다 : 불투명했던 묵이 투명해진다.
물의 온도에 따른 변화를 눈으로 본다.
찬물에 헹구는 동안의 탱글탱글해지는 변화를 촉감으로 느낀다.

자연탐구 — 물체의 특성과 변화를 여러 가지 방법으로 탐색해요.

요리 활동 순서 ③ 볼에 데친 묵과 양념 재료를 넣어 살살 무쳐요.

1 살살 무친다 : 눈과 손의 협응력, 소근육 발달, 힘을 조절한다.

신체 운동·건강 — 신체 움직임을 조절해요.

2 간장, 올리고당, 참기름 등을 혼합한다 : 각 양념이 섞임에 의해 색상과 맛의 변화를 경험한다.

자연탐구 — 물체의 특성과 변화를 여러 가지 방법으로 탐색해요.

요리 활동 순서 ④ 조미김을 부숴 넣은 후 섞어요.

1 조미김을 부수어 물체의 변화를 탐색한다 : 큰 김이 작은 크기로 변화한다. 손의 힘을 조절하여 김의 크기를 적절하게 한다.

자연탐구 — 물체의 특성과 변화를 여러 가지 방법으로 탐색해요.

요리한 음식 맛보기

1 자신이 요리하여 음식을 완성한다.

사회관계 — 내가 할 수 있는 것을 스스로 해요.

2 가족과 함께 요리한 음식을 먹는다.

신체 운동·건강 — 몸에 좋은 음식에 관심을 가지고 바른 태도로 즐겁게 먹어요.

의사소통 — 자신의 경험, 느낌, 생각을 말해요.

사회관계 — 가족의 의미를 알고 화목하게 지내요.

예시 2. 초계국수

요리 활동 순서 ①

냄비에 물 3컵, 양파 1/4개, 대파, 마늘 2쪽, 월계수 잎 1장을 넣고 15분 정도 약불에서 끓인 후 닭가슴살을 넣어 추가로 15분 정도 삶아 주세요.

1 필요한 재료를 탐색한다.

신체 운동·건강	내가 할 수 있는 것을 스스로 해요.
의사소통	자신의 경험, 느낌, 생각을 말해요.
자연탐구	궁금한 것을 탐구하는 과정에 즐겁게 참여해요. 물체를 세어 수량을 알아봐요. 일상에서 모은 자료를 기준에 따라 분류해요.

2 필요한 재료의 양을 계량해 본다.

신체 운동·건강	신체 움직임을 조절해요.
의사소통	주변의 상징, 글자 등의 읽기에 관심을 가져요.
사회관계	약속과 규칙의 필요성을 알고 지켜요.
자연탐구	일상에서 길이, 무게 등의 속성을 비교해요. 물체를 세어 수량을 알아봐요.

3 15분 정도 약불에서 끓이고 닭가슴살을 넣어 추가로 15분 정도 삶아 준다.

신체 운동·건강 — 안전사고, 화재, 재난, 학대, 유괴 등에 대처하는 방법을 경험해요.

의사소통 — 주변의 상징, 글자 등의 읽기에 관심을 가져요.

사회관계 — 약속과 규칙의 필요성을 알고 지켜요.

자연탐구 — 물체의 특성과 변화를 여러 가지 방법으로 탐색해요.
도구와 기계에 대해 관심을 가져요.

요리 활동 순서 2-1 닭가슴살을 한 김 식힌 후 결대로 찢어 밑간 재료를 넣고 조물조물 버무려요.

신체 운동·건강 — 신체 움직임을 조절해요.

의사소통 — 자신의 경험, 느낌, 생각을 말해요.

자연탐구 — 물체의 특성과 변화를 여러 가지 방법으로 탐색해요.
도구와 기계에 대해 관심을 가져요.

요리 활동 순서 2-4 쌈무는 2~3 cm 정도 굵기로 썰고, 오이는 얇게 채 썰어요.

신체 운동·건강
신체 움직임을 조절해요.

자연탐구
일상에서 길이, 무게 등의 속성을 비교해요.
물체를 세어 수량을 알아봐요.

요리 활동 순서 5 끓는 물에 소면을 넣고 끓어오르면 찬물을 부어 주세요.

신체 운동·건강
신체 움직임을 조절해요.
안전사고, 화재, 재난, 학대, 유괴 등에 대처하는 방법을 경험해요.

자연탐구
물체의 특성과 변화를 여러 가지 방법으로 탐색해요.
도구와 기계에 대해 관심을 가져요.

요리 활동 순서 6 소면을 찬물에 헹궈요.

신체 운동·건강
신체 움직임을 조절해요.
안전사고, 화재, 재난, 학대, 유괴 등에 대처하는 방법을 경험해요.

자연탐구
물체의 특성과 변화를 여러 가지 방법으로 탐색해요.
도구와 기계에 대해 관심을 가져요.

요리 활동 순서 7 넓은 볼에 소면을 넣고 냉면 육수를 부은 뒤 준비한 고명 재료를 올려요.

신체 운동·건강 — 신체 움직임을 조절해요.

예술경험 — 자연과 생활에서 아름다움을 느끼고 즐겨요.
예술적 요소에 관심을 갖고 찾아봐요.

자연탐구 — 물체의 특성과 변화를 여러 가지 방법으로 탐색해요.
도구와 기계에 대해 관심을 가져요.

요리한 음식 맛보기

1 자신이 요리하여 음식을 완성한다.

사회관계 — 내가 할 수 있는 것을 스스로 해요.

2 가족과 함께 요리한 음식을 먹는다.

신체 운동·건강 — 몸에 좋은 음식에 관심을 가지고 바른 태도로 즐겁게 먹어요.

의사소통 — 자신의 경험, 느낌, 생각을 말해요.

사회관계 — 가족의 의미를 알고 화목하게 지내요.
우리나라에 대해 자부심을 가져요(*특별한 날, 특별한 요리-복날).

이렇듯 일상에서 부모와 함께 하는 요리 활동은 자녀를 위해 할 수 있는 최고의 교육 방법이 됩니다. 우리 아이를 위해서 지금부터라도 요리를 시작해 보는 것은 어떨까요?

목차

Part 2 엄마와 함께하는 따뜻한 요리

part 3 영양만점 간식 만들기

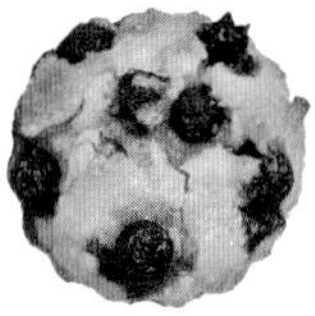

part 4

특별한 날, 특별한 요리

Enjoy!

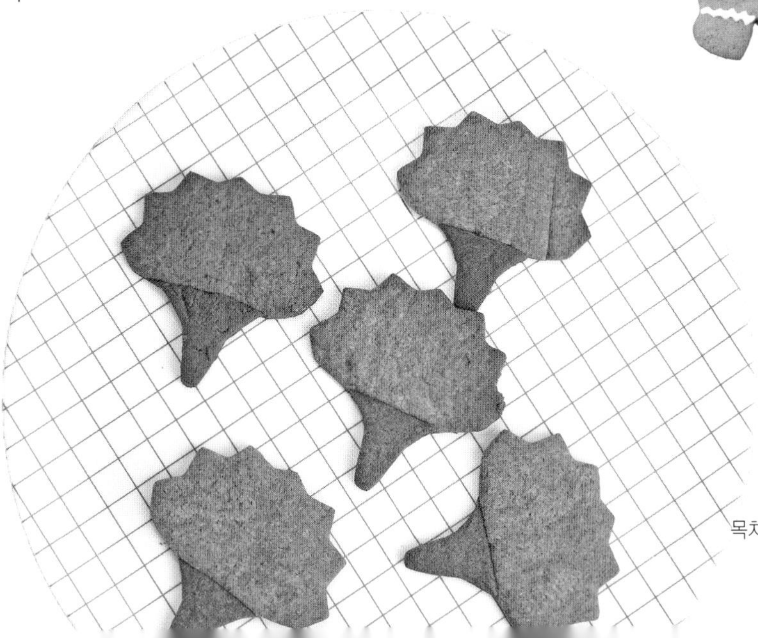

아이와 요리를 시작하기 전에

1 엄마의 마음가짐

아이와의 요리에 있어 가장 중요한 것은 바로 '화를 내지 않겠다'는 엄마의 마음가짐이라고 생각해요. 너무 이상적인 얘기 같지만 해 보니까 정말 그래요. 아이는 당연히 모든 게 어설프고 서툴 뿐 아니라 당장 눈앞에 펼쳐진 재료와 도구들로 장난치기 바쁠 거예요. 아이의 기질에 따라 활동적이거나 성격이 급한 아이들이라면 더더욱 부모의 가이드대로 차분히 따라 주지만은 않을 거고요.

실제로 아이와 요리를 해 보고 싶긴 한데 버럭 화부터 내게 될 것 같아 시작이 두렵다는 분들이 많으시더라고요. 이럴 때는 어느 정도까지는 허용해 주고 충분히 탐색하고 놀 수 있게 기다려 주는 엄마의 인내가 필요해요. 우리의 목표는 요리를 완성하는 것이라기보다는 아이가 식재료와 친해지고 조리 과정을 즐기는 것임을 잊지 말아야 합니다. 엄마가 욱하는 마음에 화를 내 버리면 아이와 즐겁자고 시작한 일이 결국 부모와 아이 모두의 기분을 상하게 만들기만 할 테니까요.

저는 아이와 요리하면서 화를 잘 내진 않아요. 정확히 말하면, 화가 나도 아이에게 표현하지 않고 참는거죠. 가끔 아이와 요리하다 말고 돌아서서 눈을 감고 호흡을 가다듬는 저를 보고 남편이 기가 찬다고 하더라고요. 남편한텐 화가 나면 0.1초만에 쏘아붙이는 사람이 저런 인내를 보이냐면서요. 부모도 훈련이 필요합니다. 아이가 무언가를 쏟으면 "괜찮아, 닦으면 돼."라고 하고, 엄마가 준비해 둔 재료들을 마음대로 만지려고 하면 "기다려 줘, 엄마랑 같이 하자."라고 말해 줘요.

아이에게 화를 내지 않으려면 먼저 엄마의 마음이 편해져야 해요. 처음부터 엄마가 예민하게 생각하는 부분을 건드리지 않는 환경을 만들어 보세요. 아이가 주방을 더럽히는 게 참기 힘들다면 놀이매트를 깔고 그 안에서만 요리할 수 있게 하거나, 양념장을 마구 들이붓는 게 걱정된다면 허용할 수 있는 만큼만 소분해서 제공하는 거예요. 위생에 예민한 분이라면 아이가 다 같이 먹을 음식에 입을 대지 않도록 덜어서 맛보라고 알려 주세요.

2 아이에게 가이드하는 방법

이 책은 가급적 아이가 다양한 식재료와 조리 방법을 경험할 수 있도록 메뉴를 구성하였습니다. 아이마다 식재료에 대한 기호나 집중력, 소근육 발달 정도 등에 차이가 있을 수는 있지만 다음과 같은 과정을 참고하여 각자 아이에 맞게 가이드해 주세요.

메뉴 소개하기

엄마 "오늘은 주호가 '도토리묵 요리사'가 될 거야."

아이 "도토리묵?"

엄마 "다람쥐가 좋아하는 도토리 알지? 그 도토리로 젤리 같은 묵을 만든 게 도토리묵이라는 거야. 도토리묵에 주호가 좋아하는 김도 넣어서 맛있게 무쳐 보자."

TIP!

아직 메뉴 이름을 정확히 기억하기 힘든 아이들에게는 주재료를 각인시켜 주는 게 좋아요. 예를 들어, '감자샐러드'는 '감자 요리사'로, '콘참치샌드위치'는 '옥수수 요리사' 이런 식으로요. 아이에게 생소한 식재료가 있다면 미리 관련된 그림책이나 영상을 보여 주면 거부감을 줄일 수 있어요.

재료 준비하기

엄마 "도토리묵은 칼로 썰어야 하니까 칼이랑 도마가 필요해.
주호가 좋아하는 김도 넣고 무치려면 김이랑 볼(bowl)도 있어야 하겠지?
맛있는 양념장에는 짠 맛을 내는 간장, 단 맛을 내는 설탕, 고소한 참기름, 그리고 깨도 넣을 거야."

TIP!

엄마가 재료를 미리 준비해 놓을 수도 있고, 준비 과정부터 아이와 함께 할 수도 있어요. 미리 데치거나 잘게 채를 써는 등 엄마의 도움이 필요한 과정은 미리 준비해 두는 것이 좋아요. 아이가 먼저 와서 기다리면 엄마가 준비하는 동안 이것저것 만져 보려 하거나 집중력이 떨어질 수 있거든요. 아이의 동선에 맞춰 필요한 조리도구나 양념통 등은 모두 미리 꺼내 두세요. 아이와 정신없이 요리하는 중에 빠진 재료를 준비하려 하면 엄마가 스트레스를 받을 수 있어요.

손 씻기와 앞치마/모자 착용하기

엄마 "요리하기 전엔 항상 손을 깨끗이 씻고 앞치마와 모자를 써야 해."

아이 "모자 쓰기 싫어."

엄마 "모자를 써야 주호 머리카락이 음식에 들어가지 않아. 머리카락을 먹으면 배가 아파서 병원에 가야 할 수도 있거든."

TIP!

매번 요리할 때마다 가장 먼저 손 씻기를 하면 자연스레 습관화가 돼요. 아이에 따라 모자 쓰는 걸 거부할 수 있는데 왜 써야 하는지 알려 주고 잠깐씩이라도 써 보게 하면서 적응시켜 주세요. 아이가 좋아하는 캐릭터가 그려진 앞치마나 모자를 사 주면 도움이 될 수 있어요.

조리법 단계별로 알려 주기

엄마 (엄마가 직접 시범을 보여 주며)"칼을 이렇게 잡고 왔다갔다 하면서 자르는 거야.
묵은 잘 뭉개지니까 살살 만져야 해, 살살."

엄마 "김은 잘게 찢어 넣어야 주호가 먹기 편할 거야. 주호가 원하는 모양대로 찢어도 좋아.
엄마는 네모 모양으로 찢어 볼게. 주호는 세모 모양으로 만들어 볼까?"

TIP!

아이들은 전체 조리 과정을 한 번에 기억하기 어려워요. 각 단계별로 방법을 알려 주되 조리법을 알려 줄 때에는 엄마가 의도한 대로 시범을 보이고 그대로 따라하게 하는 방법과 원하는 결과를 설명해 주고 아이가 나름대로 조리해 보게 하는 방법이 있어요. 초반에는 엄마가 시범을 보인 뒤 따라 하도록 하고 익숙해지면 아이가 나름대로 이리 저리 시도해 볼 수 있는 기회를 늘려 주는 게 좋아요. (조리법별 자세한 가이드 방법은 기본기 다지기 편(P.38)을 참고해 주세요)

뒷정리 및 설거지하기

엄마 "이제 깨끗이 정리하고 맛있게 먹자. 먼저 행주로 지저분한 것들 좀 닦아 줄래? 엄마는 주호가 만지면 위험한 도구들 먼저 씻어서 치워 둘게. 나머지 그릇들은 주호가 설거지해 줘."

TIP!

요리가 끝나면 항상 간단한 뒷정리 정도는 해야 한다는 것을 알려 주세요. 조리대를 행주로 닦거나 간단한 설거지 등은 아이도 충분히 해 볼 수 있어요.
설거지를 할 때에는 깨지기 쉬운 접시나 날카로운 칼 등은 치워 두고 안전한 식기들만 남겨 주세요. 물의 온도는 목욕물 정도로 맞춰 주고 가급적 고무장갑을 착용하도록 해 주세요. 아이가 장갑을 불편해한다면 아이가 맨손으로 만져도 안전한 저자극 주방 세제를 사용하시는 걸 추천해 드려요.

맛있게 먹으며 칭찬해 주기

엄마 "주호가 만든 도토리묵무침 진짜 맛있다."

아이 "아빠, 이거 제가 만들었어요."

아빠 "정말? 이걸 어떻게 만들었어? 너무 맛있는데?"

TIP!

아이가 스스로 만든 요리를 온 가족이 함께 먹으며 칭찬해 주세요. 아이에게 어떤 재료로 어떻게 만들었는지 물어보며 오늘의 요리를 주제로 대화를 나눠 보세요. 엄마가 알려 주는 대로 생각 없이 따라 하다 보면 자칫 무슨 요리를 한 건지조차 기억하지 못할 수 있어요. 아이 나름대로 오늘의 요리 과정들을 복기하고 말로 표현해 보면서 더 잘 이해하고 기억할 수 있어요.

3 아이와 요리할 때 필요한 준비물

러닝타워

싱크대나 식탁 높이에 맞춰 아이들이 안전하게 올라설 수 있도록 만들어진 일종의 디딤대라고 생각하시면 돼요. 계단식으로 되어 있어 아이들이 스스로 오르고 내릴 수 있고 전면 손잡이와 후면 안전바가 있어 안전하게 요리에 집중할 수 있어요. 요리나 설거지할 때뿐 아니라 정수기 물을 뜨거나 상판 위의 유아 식기를 스스로 꺼내게 하는 등 다양하게 활용할 수 있어요.

유아용 앞치마/모자

앞치마와 모자는 가급적 방수가 되는 제품을 추천해요. 요리나 설거지 중에 물이 튀거나 재료를 쏟더라도 옷이 많이 젖지 않고 행주로 슥 닦으면 돼서 편하거든요. 집에 미술 가운이 있으면 그걸 이용해도 좋아요. 아이들에게도 앞치마와 모자는 요리사의 상징과 같아서 착용하는 데 거부감 없이 재미있어할 거예요.

조리도구

- 유아용 안전칼

일반 칼과 달리 날카롭지 않은 플라스틱으로, 힘주어 톱질하듯 썰도록 만들어진 칼이에요. 너무 단단하지 않은 채소나 과일 등을 자를 수 있지만 아직 손의 힘이 약한 아이들은 어려울 수 있어요. 플라스틱 칼이라도 장난감 칼이 아니기에 다칠 위험이 있으니 항상 부모님이 옆에서 지켜봐 주세요.

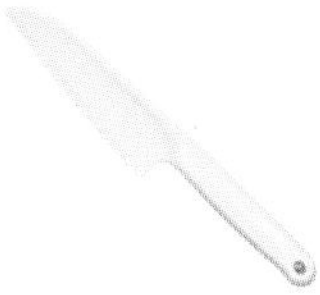

- 초퍼(야채 다지기)

아이와 함께 먹는 음식엔 생각보다 재료를 다져서 넣을 일이 많아요. 평소 엄마도 자주 사용하는 도구이지만 너무 단단하지 않은 재료는 아이도 같이 사용할 수 있어요. 양파 정도는 아이 혼자서도 당겨 볼 수 있고 당근 정도의 단단한 재료는 엄마가 처음에 몇 번 당겨서 어느 정도 부드럽게 다져진 후에 아이가 하도록 해 주세요. 재료를 넣고 당기면 잘게 다져져 나온 걸 무척 신기하고 재미있어 한답니다. 저는 락앤락 제품을 사용해요.

• 계량스푼

재료를 스푼으로 계량해서 넣는 데 사용해요. 밥숟가락은 깊이가 얕아 주르륵 흘리기 쉬우므로 가급적 계량스푼을 이용하는 게 좋아요. 1테이블스푼(15ml)과 1티스푼(5ml) 두 가지 정도만 있으면 되는데 1테이블스푼 하나만 사용 시에는 티스푼 대신 0.3테이블스푼 정도로 조절해서 넣으면 됩니다. 바겐슈타이거 제품을 사용했어요.

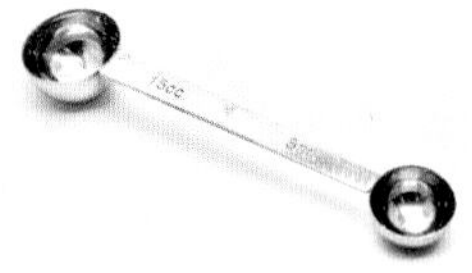

• 멀티스푼/스패출러(spatula)

재료를 섞거나 옮겨 담을 때 사용하는 주걱을 말해요. 무게가 가볍고 표면이 부드러운 실리콘 소재로 된 걸 추천해요. 꼭 유아용이 아니더라도 24개월 아이 기준 60~70g 정도 무게는 사용 가능해요. 손잡이 길이가 길어서 불편해한다면 일반 어른 수저를 사용해도 좋아요. 이 책에서는 모윰 제품을 사용했어요.

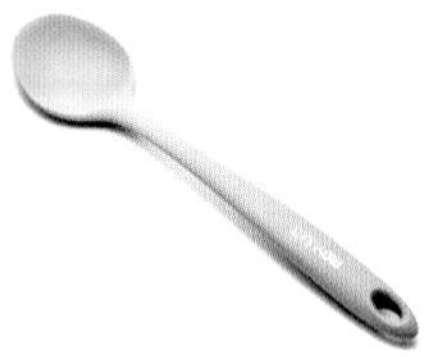

• 믹싱볼

재료를 세척할 때나 재료를 한데 모아 섞거나 무칠 때에도 자주 사용해요. 이 책에서는 재료가 잘 보이는 유리로 된 제품을 사용했지만 실제 아이와 요리할 때에는 깨질 위험이 없고 가벼운 스테인레스 제품을 추천해요. 이 책에서 사용한 볼은 에델코첸 제품이에요.

• 양념통

한 손에 계량스푼을 들고 그 안에 양념을 부어 넣으려면 양념통이 한 손으로 들 수 있을 만큼 가벼워야 해요. 플라스틱으로 된 작은 소스병이나 양념통을 사용하되 아이가 들 수 있을 정도의 양만 소분하여 넣어 주세요. 가급적 속이 어느 정도 보이는 용기에 담아야 아이들도 조미료를 색깔로 구분할 수 있어요. 겉면에 재료명을 써 붙여 헷갈리지 않게 구분해 주세요.

• 소스볼

양념장을 계량할 때 자주 사용해요. 자주 쓰는 소스는 소스통에 소분해서 보관했다가 바로 넣어 사용하지만, 자주 쓰지 않는 재료의 경우 필요할 때마다 소스볼에 소분해 주고 아이가 부어 넣을 수 있게 하고 있어요. 아이가 들 수 있는 작은 종지만 한 소스볼이면 뭐든 좋습니다. 이 책에서 사용한 건 럭키글라스 제품이에요.

• 거품기

주로 계란물을 풀 때나 베이킹 재료를 섞을 때 자주 사용해요. 어른이 사용하던 제품은 커서 아이가 무거워하더라고요. 소량의 재료를 섞을 수 있는 작고 가벼운 제품을 추천해요. 이 책에서는 JAJU 제품을 사용했어요.

• 으깨기(매셔)

감자나 삶은 계란 등 부드러운 식재료를 으깰 때 사용해요. 손에 힘을 주어 재료를 으깨야 하니 도구는 작고 가벼운 걸로 준비해 주세요. 어른들이 같이 쓰기에도 가벼운 게 좋더라고요. 으깨기가 없는 경우 포크를 사용하기도 하지만 아이들은 힘이 약해서 포크로 으깨는 건 어려울 수 있어요. 이 책에서는 JAJU 제품을 사용했어요.

• 집게

완성된 음식을 접시에 옮겨 담을 때나 프라이팬에 재료를 올릴 때 주로 사용해요. 어느 정도 손의 힘이 있어야 사용할 수 있기 때문에 너무 큰 제품은 아이가 사용하기 어려울 수 있어요. 가급적 크기가 작고 가벼운 제품을 사용하시는 걸 추천해 드려요. 이 책에서는JAJU 제품을 사용했어요.

• 오일붓

베이킹할 때 틀에 반죽을 붓기 전에 미리 오일을 바르는 데, 이 때 붓으로 바르면 골고루 잘 발려요. 김밥에 참기름을 바를 때에도 사용해요. 가볍고 세척이 쉬운 실리콘 제품을 추천해요. 이 책에 나오는 오일붓은 JAJU 제품이에요.

• 체망

주로 데친 재료의 물기를 제거할 때나 베이킹용 가루 재료의 덩어리를 없앨 때 사용해요. 계란 노른자를 보슬보슬 가루로 만들 때도 사용하고요. 무겁지 않아서 크기에 상관없이 아이도 사용할 수 있어요.

• **모양 틀**

아이와 요리할 때 모양 틀은 꽤 자주 사용돼요. 아이가 재료를 다양한 모양의 틀로 찍어 보는 것도, 여러 모양으로 찍힌 재료를 골라 먹는 것도 무척 재미있어하거든요. 아이 도시락을 쌀 때 모양내기에도 좋아서 하나쯤 있으면 유용한 도구예요. 이 책에서는 코멧 제품을 사용했어요.

• **노른자 분리기**

노른자 분리기는 생각보다 요리할 때 자주 사용돼요. 작은 볼에 걸쳐 놓고 계란을 깨 넣기만 하면 저절로 흰자는 떨어지고 노른자만 남아요. 아이가 계란을 깼을 때 분리기 위에 잘 떨어지도록 엄마가 옆에서 위치를 조정해서 도와주세요. 이 책에서는 마리슈타이거 제품을 사용했어요.

• **유아용 비닐장갑**

재료를 무치거나 뒤섞을 때, 또는 생고기를 만질 때 사용해요. 손가락을 모두 끼울 수 있는 어린이용과 유아용 손모아장갑 두 가지가 있으니 아이 손 크기에 따라 맞는 장갑을 선택하시면 돼요. 아이들은 요리 중에 이것저것 만지기도 하고 그때마다 수시로 손을 씻기도 어려우니 가급적 장갑은 꼭 착용하는 게 좋아요. 이 책에서는 베비글러비 제품을 사용했어요.

* 유아의 반편견 교육을 위해 이 책에서는 벙어리장갑 대신 손모아장갑으로 순화해 사용합니다.

• **유아용 고무장갑**

주로 설거지할 때 사용해요. 손에 꼭 맞는 걸 사야 불편하지 않게 사용할 수 있지만 영유아 사이즈 장갑은 찾기 쉽진 않아요. 아이가 너무 불편해할 경우 장갑을 착용하는 대신 물로만 씻게 하거나 피부에 비교적 안전한 1종 주방 세제를 사용하시는 걸 추천해 드려요. 1종 주방 세제는 야채나 과일, 젖병 등을 세척할 수 있는 세제예요.

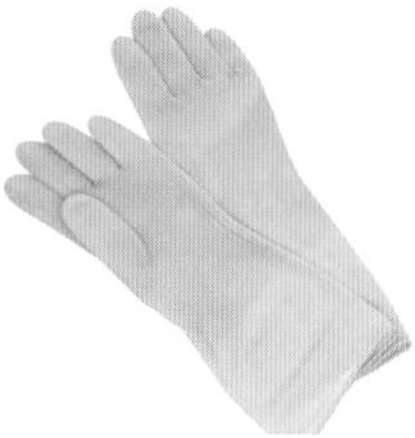

• **주방 세제**

설거지할 때는 물론, 과일이나 채소를 세척할 때도 사용할 수 있는 주방 세제예요. 피부에 자극이 적은 제품이라 아이가 고무장갑 끼는 걸 불편해한다면 맨손으로 사용하게 해도 괜찮아요. 물에 한두 방울 떨어뜨린 후 과일이나 채소를 잠시 담궈두었다가 흐르는 물에 헹구면 돼요. 이 책에서는 아토오겔 제품을 사용했어요.

(4) 아이와 함께 먹는 양념 재료

아이와 만든 요리는 온 가족이 함께 먹기 때문에 가급적 건강에 도움이 되면서도 어른도 맛있게 먹을 수 있는 양념 재료들을 사용하려고 해요. 이유식이 아닌 유아식이기 때문에 소금 외에는 별도 유아용 조미료는 따로 사용하지 않지만, 당을 줄일 수 있는 조미료 위주로 사용하고 있답니다. 저희 집에서 주로 사용하는 재료들을 소개합니다.

맛간장

아이와 함께 먹는 요리에는 매운 맛을 내는 재료 대신 간장으로 맛을 내는 경우가 많아요. 이때, 재료를 심플하게 넣어도 깊은 맛을 낼 수 있는 비법이 바로 맛간장을 사용하는 거예요. 직접 끓여 쓰면 좋겠지만 이 또한 번거로운 일일 수 있기에 시판 맛간장 중에서도 맛있기로 유명한 제품을 사용하고 있어요. 이 책에서는 와촌식품 간장소스를 사용했어요.

알룰로스

음식에 단 맛을 낼 때 흰 설탕이나 일반 올리고당을 대신해서 넣을 수 있는 대체 감미료예요. 당류 0g인데다 칼로리도 적어 아이와 함께 먹을 때에도 부담 없어요. 가루로 된 제품과 액상으로 된 제품이 있으니 요리의 종류에 따라 선택하여 사용하시면 돼요. 알룰로스는 마이노멀 제품을 사용해요.

자일로스 설탕

베이킹을 할 때에는 설탕 대신 알룰로스로 대체 시, 경우에 따라 맛과 질감에 조금씩 차이가 생기는 경우가 생기더라고요. 디저트로서의 매력이 다소 떨어질 수 있어, 가급적 베이킹할 때에는 몸에 흡수가 덜 되는 자일로스 설탕을 사용하고 있어요. 이 책에서는 CJ 제일제당의 자일로스 설탕을 사용했어요.

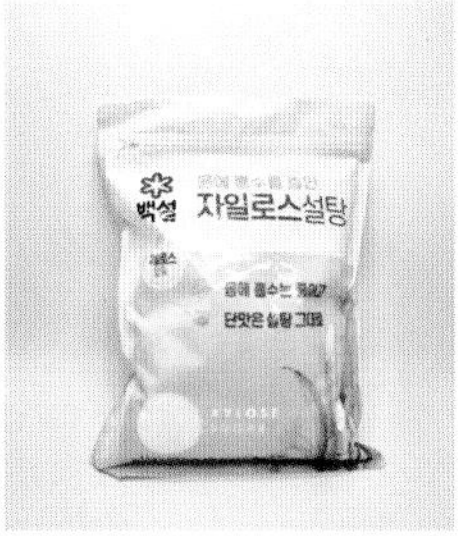

* 본문 재료 중 설탕(가루 알룰로스)로 표기된 것 외에는 전부 자일로스 설탕을 사용하였습니다. 자일로스 설탕이나 가루 알룰로스가 없으신 경우, 전부 일반 설탕으로 대체 가능합니다.

소금

저염 유아식 단계에서 구매했던 아이용 소금을 그대로 사용하고 있어요. 소량씩 사용하기 때문에 한 번 사면 오래 먹을 수 있어 아무래도 성분이 더 안전한 아이용 제품을 선호해요. 이 책에서는 아이배냇 제품을 사용했어요.

마요네즈

기름이 주성분인 제품이라 아이와 함께 먹는 음식에는 아무래도 일반 마요네즈보다는 올리브유나 아보카도 오일로 만들어진 제품을 선호해요. 저는 당이 없고 칼로리가 적은 마이노멀 제품을 사용해요.

케첩

시중에 파는 케첩에는 생각보다 많은 당과 나트륨이 들어 있어요. 두 돌 전까지는 거의 케첩을 먹이지 않았었는데 당을 줄인 제품들도 많더라고요. 성분은 착하지만 맛은 별 차이가 없어 어른도 함께 먹고 있답니다. 마이노멀 제품이에요.

올리브유

올리브유를 사용할 때는 요리에 따라 발연점을 따져 구분해서 사용하는 게 좋아요. 부침이나 튀김요리에는 발연점이 높은 정제 올리브유를, 샐러드 소스 등에는 엑스트라버진 올리브유를 추천해요.

매실청

설탕 대신 넣어 은은한 단맛을 낼 때 사용해요. 저는 주로 무침 요리에 설탕을 약간 줄이고 매실청을 넣는데 확실히 양념 맛이 살아나요. 와촌식품 제품을 사용했어요.

액젓

간을 맞출 때 조금 넣으면 감칠맛이 확 좋아져요. 멸치액젓을 넣는 게 가장 일반적이지만 이 책에서는 멸치를 초피나무 잎에 숙성한 초피 액젓을 사용하였어요. 와촌식품 제품이에요.

5 메뉴 선정 기준

아이와 다양한 요리를 시도하다 보니 자연스레 나름대로의 메뉴 선정 기준이 생기더라고요. 이 책의 메뉴들을 참고하되 다음과 같은 기준으로 각자 우리 아이에게 맞는 메뉴를 구상해 보세요.

1) 어른과 아이가 함께 먹을 수 있는 요리

처음엔 놀이처럼 시작했지만 이제는 아이와 만든 요리를 온 가족이 함께 먹는 게 일상이 되었어요. 요리놀이와 식사 메뉴를 구분하게 되면 엄마의 일이 너무 많아져 둘 중 하나를 소홀히 할 수밖에 없게 되더라고요. 아이와 같이 먹으려다 보니 자연스레 맵고 짠 음식보다는 덜 자극적인 음식을 하게 되어 온 가족이 건강한 식생활을 하게 되는 장점도 있어요. 아이가 커가면서 점점 부모가 먹는 음식에 관심을 가지고 먹어 보고 싶어 하기 때문에 아이와 같은 음식을 나눠 먹으면 떼를 쓰거나 실랑이할 일이 없다는 점도 좋았어요.

아이는 간을 적게 해서 먹이길 원하시면 양념장을 별도로 만들어 아이 입맛 기준으로 요리 후 어른이 먹을 땐 양념장을 추가하시면 돼요.

2) 가급적 많은 과정에 아이가 참여할 수 있는 요리

처음 아이와 요리를 시작했을 땐, 메뉴를 선택할 때마다 과연 아이가 어디까지 할 수 있을까 하는 고민이 항상 있었어요. 엄마가 어디까지 준비를 해 두어야 할지에 대한 고민이기도 했고요.

예를 들면, 야채는 엄마가 씻어 두고 썰기부터 시킬 것인지, 밥은 미리 해 놓고 비비는 것만 하게 할 것인지 등, 제가 내린 결론은 '일단 위험하지 않은 건 다 할 수 있게 해 보자'였어요. 물론 아이에게 어려운 과정도 있고 옆에서 보기에 어설픈 부분도 있지만 점점 익숙해지고 실수도 줄어들더라고요.

이 책에서는 엄마의 도움이 필요한 부분은 별도로 표기하였으니 참고해서 가급적 많은 부분에 아이가 참여할 수 있도록 해 보시는 걸 추천해요.

3) 다양한 식재료로 만든 요리

아이들은 유아식 초반부터도 편식이 생길 수 있어 일찍부터 올바른 식습관을 가질 수 있도록 식단에 신경썼어요. 이유식 때는 재료를 갈아 주어 아이가 재료 본연의 맛과 향을 느끼기 어려웠지만, 유아식 단계부터는 재료 하나하나의 맛과 식감을 구분하면서 기호가 생기기 시작하더라고요. 익숙한 음식만 고집하지 않도록 최대한 다양한 식재료를 경험하게 해 주려고 노력했어요.

아이와 요리하면서도 가지, 참나물, 달래, 곰취, 두릅 등 아이에겐 아직 이름조차 낯선 식재료들도 많이 접하게 해 주었고요. 실제로 아이가 직접 씻어 보면서 생 야채 그대로 맛보기도 하고 손으로 뜯어 보기도 하는 등 나름대로 탐색하는 과정을 통해 식재료와 친숙해지는 듯 하더라고요. 그냥 먹었을 때는 맛없다고 뱉어 내던 재료들도 직접 만든 양념장에 조물조물 무치고 나면 아주 잘 먹기도 했답니다.

6 자주하는 질문

Q1 어떻게 아이와 요리를 시작하게 되었나요?

A 아이가 두 돌쯤 되었을 무렵, 아이와 놀다가 저녁 준비를 하려고 일어서면 쪼르르 쫓아와 바짓가랑이를 붙들고 안아 달라며 떼를 쓰곤 했어요. 안아 올려 주면 싱크대 위를 찬찬히 관찰하며 손을 뻗어 이것저것 만져 보려 하더라고요. 싱크대 위에서 일어나는 일들이 궁금했구나 싶어 아이가 딛고 설 수 있는 '러닝타워'라는 걸 사 줬어요. 그렇게 아이가 할 수 있을 만한 것들을 하나둘씩 시켜 보니 아이도 너무 재미있어하고 저 역시 아이가 보채지 않아 편해졌어요.

Q2 아이가 같이 요리하는 건 즐거워하는데 잘 먹진 않아요. 좋은 방법이 있을까요?

A 한번은 아이와 라이스페이퍼에 으깬 감자를 넣은 감자빵을 만들어 본 적이 있었어요. 원래 감자를 무척 잘 먹는 아이인데 이 빵은 왠일인지 잘 먹지 않더라고요. 왠지 물컹한 식감과 흙이 묻은 듯한 비주얼이 마음에 들지 않았나 봐요.
이처럼 아이들은 식재료에 대한 기호에 따라서도 잘 안 먹는 경우가 생기지만 식감과 비주얼, 그 날의 컨디션 등 다양한 요소가 입맛에 영향을 주기도 합니다. 어제는 안 먹던 요리를 오늘은 또 맛있게 먹기도 하고요. 조금씩 천천히 재료와 친해지는 과정이라고 생각하고 계속해서 다양한 재료, 다양한 조리법으로 시도해 보세요.

Q3 아이가 자꾸 재료를 집어 던져서 소리만 지르다 끝나버린 것 같네요. 무조건 참아야 할까요?

A 요리를 하면서 아이가 집어 던지고 쏟고 물장난 치고 하는 건 저희 집에서도 종종 있는 일이에요. 주호는 비교적 차분하고 얌전한 기질인데도 그런 걸 보면 아마 활동적인 아이들은 더 하겠죠? 무조건 못 하게도 해 봤지만 이미 이 상황이 재미있는 아이를 제어하기 쉽진 않았어요. 저 같은 경우는 허용할 수 있는 만큼의 재료나 공간을 정해 주고 넘어가지 않는 범위 내에서 놀이할 수 있게 해 줘요. 놀이 후엔 같이 치워야 한다는 것도 알려 주고요. 오히려 그렇게 허용해 주면 생각보다 오래 놀진 않더라고요. 이런 식으로 어느 정도 마음을 내려놓고 허용해 주는 게 엄마도 마음이 편하고 아이에게도 화내지 않을 수 있어요.

Q4 아이가 요리 끝까지 집중하기 어려워하는데 집중력을 높이기 위한 노하우가 있나요?

A 조리의 단계가 많거나 복잡한 메뉴들은 아이들이 어려워할 것 같지만, 오히려 계속해서 새로운 재료와 조리 과정이 나오면 아이의 주의를 전환시키기도 좋고 집중력을 끌고 가기에도 좋아요. 예를 들어 콩나물을 다듬는데 한 봉지 가득 머리만 따라고 하면 어른들도 금방 지겨워하는 것과 마찬가지예요. 요리 과정별로 아이가 집중할 수 있는 만큼만 시켜 주세요. 아이가 지겨워하면 나머지는 엄마가 도와 빨리 끝내 버리고 다음 단계로 넘어가고요. 아이가 좋아하는 재료가 있다면 중간중간 맛보게 하거나 좋아하는 장난감이나 피규어 등을 조리대 위에 같이 올려 두고 요리하는 것도 도움이 돼요. 사전에 식재료나 요리에 관한 책을 같이 보고 요리를 시작하면 중간중간 이야기 나누기에도 좋더라고요.

Q5 아이가 계량해서 양념을 넣게 해도 맛이 있나요?

A 도구 사용이 익숙지 않은 아이에게 계량스푼을 사용하게 하는 이유는 재료의 정량을 넣기 위함이라기보다는 조절력을 기르고 양념을 우르르 쏟지 않게 하기 위함이에요. 레시피에서 말하는 1테이블스푼은 스푼을 가득 채우는 걸 말하지만 생각보다 스푼 가득 재료를 담는 건 아이에게 쉽지 않은 일이에요. 아이가 나름대로 넣어볼 수 있도록 하되 엄마가 옆에서 보고 있다가 부족하다 싶은 만큼 추가해 주거나 나중에 맛을 보고 부족한 맛을 추가해 주시면 됩니다. 그러려면 가급적 양념 재료는 주재료에 직접 넣지 않고 따로 볼에 만들어 섞은 후 조금씩 추가하시는 게 좋아요. 엄마 아빠가 먹기에 간이 부족한 경우에도 따로 만든 양념장에서 1~2스푼 더 추가하면 되니까요.

Q6 아이가 손이 참 야무진 것 같아요. 소근육 발달을 위해 특별히 노력하신 게 있나요?

A 아이가 뱃속에 있을 때 유투브에서 손싸개를 하지 않는 게 좋다는 영상을 봤었어요. 아이가 자유롭게 손을 움직이고 입에 넣고 하면서 두뇌가 활성화되고 손의 감각이 발달한다는 이유였어요. 실제로 아이가 잘 때 빼고는 손싸개를 하지 않았는데 그게 얼마나 발달에

도움이 되었는지는 몰라도 제가 관심을 갖고 처음 실행해 본 일이었어요. 이후로는 아이가 만져 보고 싶어 하는 건 위험하지 않은 이상 가급적 허용해 준 게 전부였습니다. 저렇게 건드리다간 와르르 쏟아지겠구나 싶은 순간에도 실제로 쏟아 보게 둬 보기도 하고요. 아이주도 이유식도 꽤 일찍부터 시작했었어요. 처음엔 머리끝부터 발끝까지 묻히고 먹는 바람에 매끼 목욕시키고 치우는 게 일이었어요. 당시에는 지금 힘든 걸 참으면 더 일찍 편해질 수 있겠지 라는 생각으로 버텼었는데 정말로 그렇게 되더라고요. 일찍부터 아이가 스스로 먹을 수 있게 되니 엄마도 아이가 먹을 때 같이 식사할 수 있어 정말 편해졌어요. 아이의 발달을 위해 특별히 해 준 건 없다고 생각했는데 돌이켜 생각해 보니 이러한 소소한 과정들이 조금씩 도움이 되지 않았을까 싶어요.

Q7 아이가 요리 중에 자꾸 집어먹어서 오히려 요리 후에는 밥을 많이 먹지 못하는 것 같은데 어떻게 하면 좋을까요?

A 개인적으로는 아이가 요리하면서 맛을 보는 행동을 크게 제한하진 않는 편이에요. 보통은 아이가 식탁에 앉아 그릇에 담긴 음식을 완밥해야 잘 먹었다는 생각이 드실 거예요. 생각해 보면 밥상에 올라오는 음식은 요리 과정의 결과물일 뿐, 들어가는 재료는 동일하잖아요. 물론 조리하는 과정에서 영양소 흡수율이 올라간다거나 할 수는 있지만 반대로 조리 전에는 영양소 파괴가 덜 된 상태이기도 하고요. 아이가 직접 요리에 참여하여 음식이 되어가는 과정을 지켜보면서 음식의 비주얼이나 냄새의 자극에 반응하게 되는 건 어찌 보면 당연한 것 같아요. 오히려 다양한 식재료들이 조리 과정을 거쳐 완성된 음식이 되기까지 중간중간 맛을 보게 하는 것 또한 좋은 배움이 될 수 있을 거라 생각해요. 편식하고 안 먹는 것보다는 '뭐든 먹었으니 되었다'라고 생각하시면 좀 더 마음이 편해지지 않을까요?

7 기본기 다지기

재료 세척하기

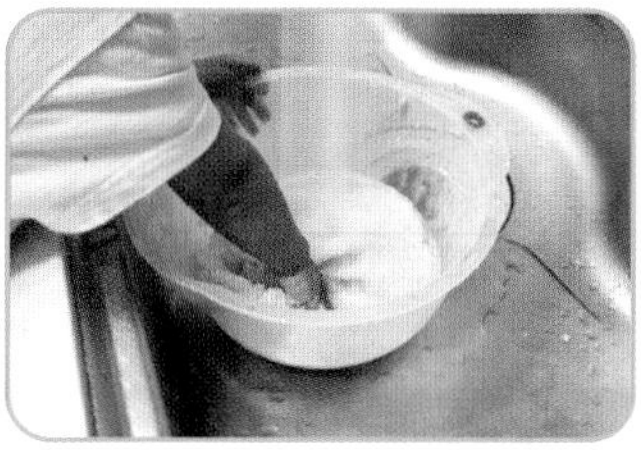

야채와 과일

야채나 과일은 물에 담가 두었다가 헹구는 것만으로도 일부 수용성 잔류 농약 제거에 도움이 됩니다. 아이가 먹을 거라 걱정이 된다면 1종 주방 세제나 베이킹파우더를 사용하시면 지용성 농약까지 제거할 수 있어요. 물은 너무 차갑지 않은 정도로 틀어 흐르는 물로 세척해요. 넓은 볼에 세척할 재료를 담고 세제를 한 두 방울 풀어 잠시 두었다가 헹구면서 채반에 하나씩 옮겨요. 채반으로 모두 옮긴 후에는 다시 볼에 부어 한 번 더 물을 받아 세척하는 과정을 반복해 주면 됩니다. 아이들도 참방참방 물놀이하듯 재료 씻는 걸 재미있어 해요. 아이가 꼼꼼히 씻지 못할 경우 엄마가 한 번 더 세척하면 됩니다. 두 번 일하는 것 같지만 이 역시 아이가 채소와 친해질 수 있는 기회라는 걸 잊지 마세요.

쌀

처음 쌀을 씻을 때는 엄마가 물을 충분히 받아 빠르게 2~3번 휘저어 물을 버린 후 새 물을 받아 아이가 씻어 볼 수 있도록 합니다. 바닥이 막힌 믹싱볼에 넣고 씻으면 물을 버릴 때마다 흘리는 쌀이 많을 거예요. 아이들이 씻을 때는 가급적 물 빠지는 구멍이 있는 채반에 넣고 물을 세게 틀어 휘저으며 씻도록 해 보세요. 물이 빠지는 속도보다 채워지는 속도가 빠르기 때문에 충분히 물로 씻을 수 있고 가만히 두면 물이 빠지니 쌀을 쏟을 걱정도 없죠. 쌀을 씻는 과정에서 배수구로 흘러 들어가는 게 걱정된다면 쌀알이 통과되지 않을 정도의 미세 배수구망을 씌우고 씻는 방법도 있어요.

껍질 까기

아이가 과일이나 삶은 계란 등을 직접 까 먹을 수 있도록 해 보세요. 소근육 발달과 눈과 손 협응력 발달에 도움이 될 뿐 아니라, 만족지연능력과 자기 조절력까지 기를 수 있는 아주 좋은 활동이에요. 당장이라도 입에 넣고 싶은 욕구를 참고 스스로 껍질을 까야 먹을 수 있다는 목표가 생김으로써 성취감까지 느낄 수 있어요.
처음에는 부드럽고 껍질이 잘 까지는 귤이나 바나나, 삶은 고구마부터 시작해서 삶은 계란, 치즈 껍질 벗기기 등 다양하게 시도해 볼 수 있어요. 삶은 계란 까기가 익숙해지면 날계란 깨기에도 도전해 보세요. 처음에는 힘 조절도 어렵고 껍질이 들어가지 않게 깔끔하게 깨기는 어려울 거예요. 어차피 껍질은 건져내면 되니 아이가 스스로 할 수 있는 기회를 여러 번 주다 보면 자연스레 요령을 터득할 거예요.

썰기

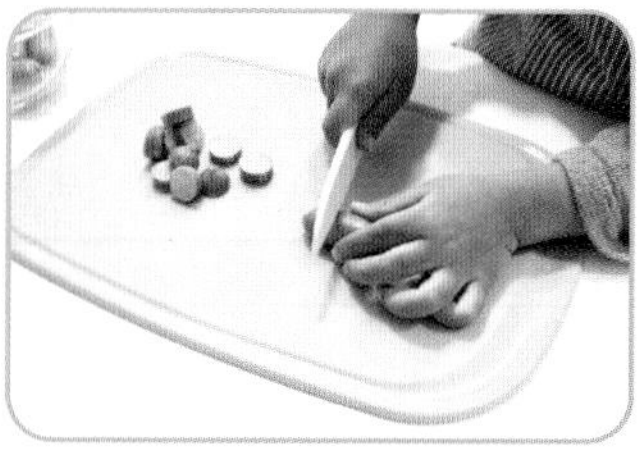

썰기는 대부분의 조리 과정에서 빠질 수 없는 가장 기본적인 활동이지만 막상 아이에게 칼을 맡기려고 하면 많이 걱정되고 불안하실 거예요. 주호는 날이 무딘 유아용 플라스틱 칼을 사용하는데 날카롭지 않아 마찰력으로 썰어야 하기 때문에 어느 정도 아이가 손 힘이 있어야 자를 수 있어요. 바꿔 생각하면, 안전칼로 썰 만큼 힘이 있지 않는 한 생각보다 다칠 위험이 적기도 해요. 처음 칼을 잡으면 위에서 아래로 힘주어 누르려고 할 거예요. 잘못 힘을 주면 재료를 잡고 있던 다른 손이 다칠 수 있으니 반드시 엄마가 먼저 시범을 보이며 '쓱싹쓱싹' 또는 '왔다 갔다' 라는 말로 리듬감을 알려 주세요. 아이들이 썰 수 있는 재료로는 두부, 묵, 소시지, 게살 등이 있어요. 주로 단단하지 않은 재료들이니 칼로 써는 게 어려운 아이들은 손으로 잘라 봐도 좋아요.

계량하기

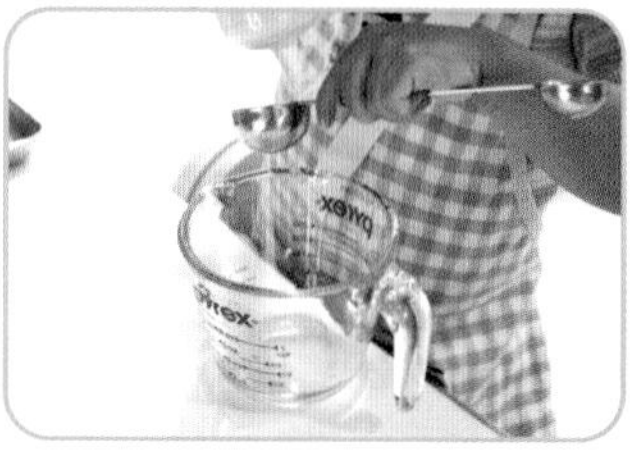

붓기와 쏟기

세척한 재료를 볼에 넣거나 양념장을 재료에 부을 때, 완성된 요리를 반찬통에 담을 때 등 붓기와 쏟는 과정은 요리 과정에서 빈번하게 일어납니다. 용기에 원하는 양만큼 붓거나 쏟는 행위는 생각보다 조절력을 많이 요구하기 때문에 처음 해 보는 아이들은 당연히 쉽지 않아요. 처음엔 여기저기 쏟을 수 있지만 몇 번 해 보면 생각보다 금방 나아지는 걸 느끼실 수 있을 거예요. 담는 통은 가급적 넓은 걸로 준비하고 아래에 넓은 쟁반을 받쳐 쏟더라도 치우기 쉬운 환경을 만들어 놓으면 조금은 더 편안한 마음으로 기회를 줄 수 있을 거예요.

뿌리기

아이에게 소금이나 파슬리 가루를 뿌리라고 하면 여기저기 뿌려 주변을 어지럽힐 것 같지만 꼬집으로 넣는 법을 알려 주면 생각보다 그럴 일이 적어요. 두 손가락으로 집을 수 있는 만큼 집어서 넣으라고 해 보면 집을 수 있는 양이 많지 않을뿐더러 아이도 매우 재미있어한답니다. 깨의 경우 가급적 스푼을 사용하도록 하시는 걸 추천해요. 직접 통으로 뿌리는 건 쏟을 위험이 있고 손으로 풀 경우에도 많은 양을 집어 던져 버릴 수 있거든요.

계량스푼

평소 집에서 요리할 땐 밥숟가락 계량을 하기도 하지만 아이들이 사용하기에는 비교적 깊이가 깊은 계량스푼이 좋아요. 밥숟가락은 흘리기가 쉬워서 정확한 계량이 어렵더라고요. 처음에는 볼을 따로 준비하여 계량스푼으로 넣어 섞어 볼 수 있도록 해 주세요. 우르르 쏟더라도 음식엔 직접적으로 영향을 주지 않으니 덜어 내거나 다시 만들면 돼요. 물론 계량스푼을 사용해도 아이가 항상 스푼을 꽉 채워 정확하게 계량하긴 어려우니 반드시 간을 봐 가면서 양념을 조절해 주세요.

섞기와 버무리기

넓은 볼에 순서대로 재료를 넣고 골고루 섞이게 하거나 양념장을 넣고 조물조물 무치는 건 꽤 어렵지 않게 해 볼 수 있어요. 조리용 스푼을 이용하기 어려워 한다면 일반 밥숟가락을 이용할 수 있게 하면 됩니다. 재료에 양념을 무칠 때에는 비닐장갑을 끼고 위아래가 골고루 섞일 수 있도록 뒤적거리는 법을 알려 주세요. 볼 깊숙이 있는 재료까지 골고루 섞다 보면 재료가 넘쳐 튀어 나가기도 하는데 스스로 주워 담아가며 하다 보면 어느새 스스로 관찰하면서 힘을 조절하더라고요. 특히, 가루 재료를 넣고 주걱이나 거품기로 뒤섞을 때에는 가루가 많이 날릴 수 있으니 재료가 어느 정도 섞일 때까지는 옆에서 섞는 걸 도와주세요.

빚기

아이와 밀가루 반죽으로 촉감놀이 같은 걸 해 본 경험이 있으실 거예요. 반죽이나 클레이를 활용한 놀이는 소근육 발달은 물론 두뇌 발달에도 아주 좋다고 해요. 동그랑땡이나 도넛, 송편을 빚을 때에도 동글동글 빚는 기술이 사용되는데 쉬워 보이지만 막상 아이들에게 시켜 보면 처음엔 생각보다 어려워하더라고요. 처음에는 반죽을 두 손 사이에 넣고 앞뒤로 비벼 길쭉하게 만드는 것부터 해 보세요. 조금 익숙해지면 동글동글 빚기도 시도해 보고, 만두처럼 끝을 맞붙이거나 속을 채워 끝을 꼬집꼬집해 가며 오므리는 것까지 점점 손의 움직임이 정교해지더라고요.

말기

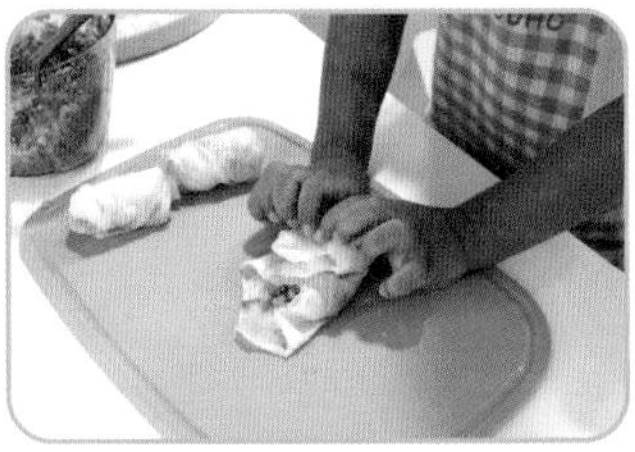

김밥 말기는 어른들도 처음해 보면 쉽지 않아요. 처음부터 단단하게 당겨가며 말지 않으면 내용물이 터지거나 헐겁게 말려 모양이 좋지 않거든요. 아이에게 완벽하게 말기를 기대하기보다는 엄마가 먼저 시범을 보여 주고 나름대로의 방법으로 따라 하도록 해 주세요. 주호는 처음에 돌돌 말기보다는 반을 접어 버리거나 손바닥으로 드르륵 굴려 버려 금세 재료가 다시 풀리곤 했어요. 이 책에 있는 다양한 요리들을 시도하다 보면 김뿐만 아니라 만두피, 양배추 등 다양한 재료를 활용하여 반복적으로 말기 연습을 해 볼 수 있을 거예요.

계란 분리하기

계란의 노른자를 분리하는 건 생각보다 꽤 난이도가 있는 과정이에요. 날계란 깨기에 어느 정도 익숙해진 경우 볼에 걸치는 노른자 분리기 위로 떨어뜨리도록 해 보세요. 아이가 정확하게 조준해서 떨어뜨리기 어려울 수 있으니 엄마가 밑에서 계란이 떨어질 위치에 맞춰 분리기를 옮겨 주셔도 좋아요. 이 과정이 어렵다면 보다 쉽게 노른자를 분리할 수 있는 편리한 도구들도 많으니 아이가 재미있어할 만한 도구로 다양하게 시도해 보세요. 삶은 계란의 경우 흰자에 살짝 칼집을 내어 노른자만 빼내는 방법이 있지만 아이들은 힘 조절이 어려울 수 있어요. 계란을 반 잘라서 스푼으로 노른자만 빼내면 좀 더 쉽게 분리할 수 있어요.

뒷정리

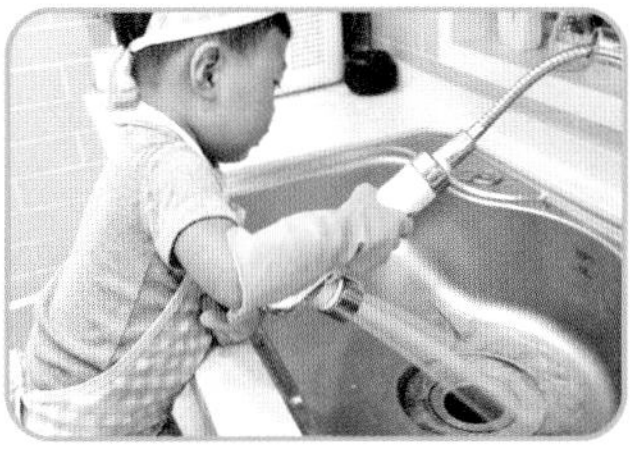

요리가 끝난 후엔 뒷정리도 같이 하면서 정리하는 습관을 길러 주세요. 조리 도구나 식기 중 위험하거나 깨지기 쉬운 건 엄마가 미리 치워 두고 아이가 직접 설거지해 볼 수 있는 것만 싱크대에 남겨 두세요. 목욕물 정도의 따뜻한 물을 틀어주고 직접 스펀지에 세제 짜기부터 조물조물 거품내기, 식기 문지르기와 헹구기, 마지막으로 식기건조대에 차곡차곡 쌓는 법까지 모두 아이가 참여해 볼 수 있게 알려 주세요. 아이가 물놀이하듯 참방참방 설거지 놀이를 하는 동안 엄마도 요리에 사용한 식재료나 도구들을 뒷정리할 시간을 벌 수 있어요. 주호에게는 설거지 후 싱크대도 깨끗이 헹구고 행주로 물기를 닦아야 한다는 것도 알려줬어요.

아이가 두 돌이 되었을 무렵부터 함께 요리를 시작했는데
위험해서 불을 사용하는 요리는 하지 않았어요. 하지만 의외로 불을 사용하지 않고도
아이와 함께 해 볼 수 있는 간단하고 맛있는 요리들이 많더라고요.
불 없이 만들 수 있는 요리들이 오히려 아이의 기본기를 향상시키는 데에 도움이 돼요.
아이와 안전하면서도 재미있는 요리 시간을 즐겨 보세요.

part

1

불을 사용하지 않는
안전한 요리

COOKING

1

청포묵김무침

녹두를 갈아 만든 청포묵은 단백질과 필수 아미노산이 풍부해요. 부드럽게 잘려서 처음 하는 칼질 연습하기에도 좋고, 직접 양념장에 버무려 보며 탱글탱글 촉감을 느끼기에도 좋아요.

재료 3인분 기준 ⏰ 15분 내외 ★ **난이도** ★☆☆

주재료 청포묵 1모(300g), 조미김 2봉(40g) | 양념 재료 간장 2T, 올리고당(액상 알룰로스) 1T, 참기름 1T

청포묵을 아이가 먹기 좋은 크기로 썰어요.

MOM'S HELP 끓는 물에 넣고 묵이 투명해지면 건져내 찬물에 헹궈 주세요.

볼에 데친 묵과 양념 재료를 넣어 살살 무쳐요.

묵이 뭉개지기 쉬우니 비닐장갑을 끼고 손으로 살살 무쳐 주세요.

조미김을 부숴 넣은 후 섞어요.

꼬마셰프 TIP!

보통은 길게 채 썰거나 긴 직사각형 모양으로 썰어서 만들지만 모양 틀이 있다면 다양한 모양으로 찍어 보세요. 동글동글 재미있는 모양으로 찍어내면 재미도 있고 아이가 수저로 떠서 먹기에도 훨씬 편하답니다.

COOKING

2

간장소스도토리묵무침

도토리에는 체내 중금속 배출을 촉진시키는 아콘산이 함유되어 있어요. 미세먼지나 황사 가득한 날에는 도토리묵으로 가족들의 건강을 챙겨 보세요. 아이들도 함께 먹을 수 있는 간장소스로 묵무침의 색다른 매력을 느껴 보세요.

재료 3인분 기준 20분 내외 ★ **난이도** ★☆☆

주재료 도토리묵 1모(300g), 파프리카 1/4개, 계란 2개, 어린잎 약간

양념 재료 간장 2T, 매실액 1T, 올리고당(액상 알룰로스) 1T, 참기름 1T, 다진 마늘 0.5T, 갈아낸 깨 약간

1-1

1-2

파프리카와 어린잎은 깨끗이 씻어요.

어린잎을 세척할 때는 채반째로 물에 담가 살살 헹궈 보게 해 주세요.

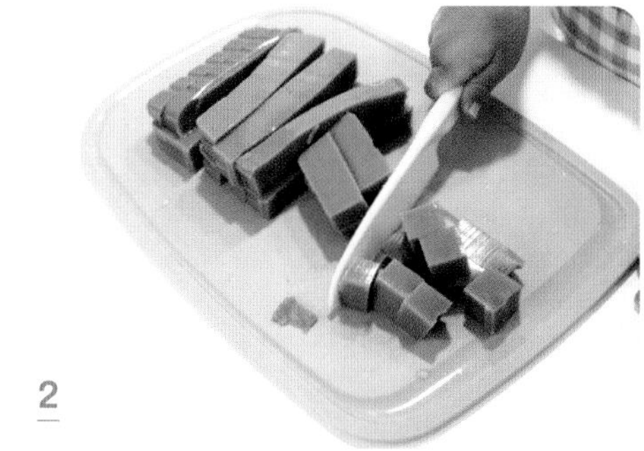
2

도토리묵을 깍둑 썰기해요.

3

MOM'S HELP 끓는 물에 도토리묵을 넣고 5분 정도 데친 후 찬물에 헹궈 주세요.

4

MOM'S HELP 계란을 풀어 얇게 계란지단을 부쳐 주세요.

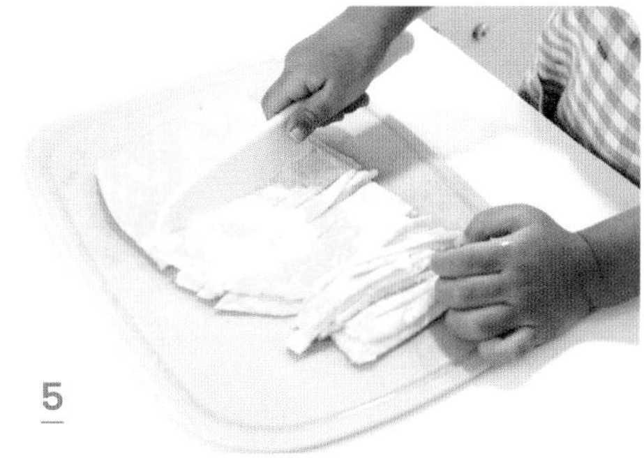
5

계란지단은 얇게 채 썰어 주고, 파프리카는 잘게 썰어요.

6-1

6-2

작은 볼에 양념 재료를 넣고 섞은 후 큰 볼에 준비한 재료들을 모두 넣어 골고루 무쳐요.

꼬마셰프 TIP!

집에 물결무늬로 썰리는 웨이브칼이 있다면 활용해 보세요. 사 먹는 도토리묵 무침 같은 맛과 비주얼을 만들 수 있어요. 묵을 물결무늬로 썰면 양념이 표면에서 바로 흘러내리지 않고 잘 묻어 있어 훨씬 맛도 좋답니다.

COOKING

3

두부땅콩소스무침

두부와 브로콜리, 딱 2가지 재료로 완성되는 간단하지만 정말 맛있는 요리예요. 혹시 두부를 좋아하지 않는 아이라면 두부를 완전히 갈아서 소스를 만드는 것도 좋아요.

재료 3인분 기준 　　　　⏰ 20분 내외 ★ **난이도** ★☆☆

주재료 두부 2/3모(200g), 브로콜리 1/2송이 | 양념 재료 두부 1/3모(100g), 땅콩버터 2T, 참기름 0.5T, 소금 약간, 다진 마늘 약간(생략 가능), 땅콩분태 약간(생략 가능)

* 단맛이 없는 100% 땅콩버터를 사용할 경우, 올리고당 1T 정도 추가해 주세요.

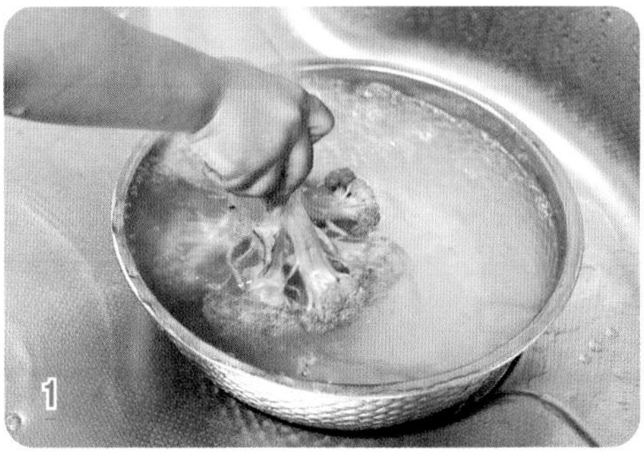

브로콜리는 송이 부분이 아래로 가도록 물에 잠시 담가 둔 뒤 여러 번 흔들어 씻어요.

끓는 물에 소금 한 스푼을 넣고 한입 크기로 자른 브로콜리를 1분 이내로 데친 뒤 찬물에 헹궈 주세요.

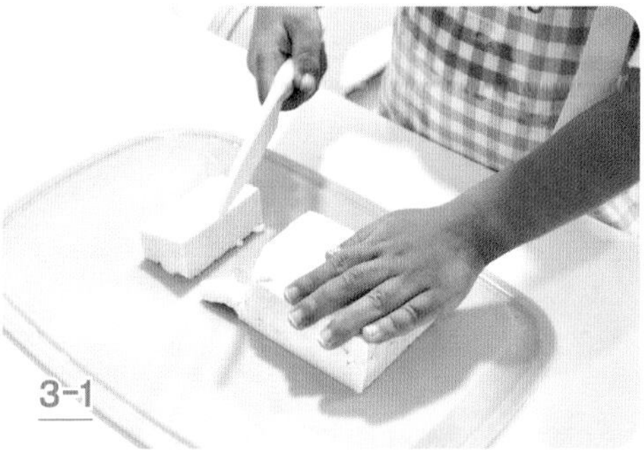

두부 2/3모는 먹기 좋은 크기로 깍둑 썰고, 나머지 두부 1/3모는 볼에 넣고 으깨요.

볼에 브로콜리와 으깬 두부, 양념 재료를 넣고 골고루 무쳐요.

썰어 둔 두부를 넣어 살살 무쳐요.

COOKING

4

시금치깨소스무침

시금치는 비타민, 철분, 식이섬유 등이 풍부해 성장기 아이들은 물론, 남녀노소 누구에게나 유익한 식재료예요. 고소한 깨향 가득한 간장소스에 무치면, 평소 시금치를 좋아하지 않던 아이들도 눈이 휘둥그레질 만큼 맛있게 먹어 줄 거에요.

꼬마셰프 TIP!

아이가 깨를 직접 갈아 보게 하는 건 소근육 발달에 아주 좋은 놀이가 될 수 있어요. 그라인더 사용이 가능한 아이라면 직접 갈아 넣어 보게 하고, 아직 손 힘이 약한 아이들은 미니 절구를 사용하게 해 보세요. 재미있는 촉감은 물론 고소한 향까지 오감을 자극할 거예요.

재료 3인분 기준 ⏰ 20분 내외 ★ **난이도** ★☆☆

주재료 시금치 300g | 양념 재료 간장 0.5T, 참치액 0.5T, 맛술 2T, 물 반 컵 (추가 양념) 설탕(가루 알룰로스) 0.5T, 참기름 0.5T, 갈아낸 깨 5T

1

냄비에 양념 재료를 넣고 살짝 끓인 후 식혀요.

2

시금치는 뿌리 부분을 잘라낸 후 볼에 담아 찬물에 흔들어 가며 깨끗이 세척해요.

3-1

3-2

끓는 물에 소금을 약간 넣고 뿌리부터 넣어 1분 이내로 데친 후 찬물에 헹궈 주세요.

4-1

4-2

시금치의 물기를 꼭 짜낸 후 볼에 넣고 식혀 둔 양념과 추가 양념 재료를 넣어 골고루 버무려요.

COOKING

5

가지들깨무침

가지는 익히면 물캉해지는 식감 때문에 어른들도 호불호가 있는 식재료이지만 고소한 들깨소스에 무쳐내면 가지를 좋아하지 않는 분들도 정말 맛있게 드실 수 있어요.

꼬마셰프 TIP!

가지를 너무 오래 찌면 물기를 짜내는 과정에서 안의 씨 부분이 다 뭉개져 버려요. 가급적 찌는 시간을 정확히 맞춰 주시거나 물기를 살짝만 짜내 주세요.

재료 3인분 기준 　　　　　　　　20분 내외　★ **난이도** ★☆☆

주재료 가지 2개, 소금 약간(찜용) | 양념 재료 들깨가루 2T, 간장 1T, 들기름 2T

1-1

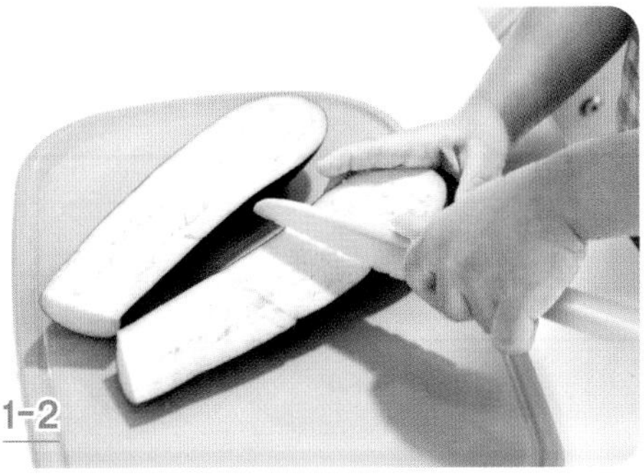

1-2

깨끗이 씻은 가지를 반으로 갈라 삼등분으로 잘라 주세요.

2

MOM'S HELP 가지에 소금을 약간 뿌려 찜통에 껍질이 아래로 가게 펼쳐 3~4분간 쪄 주세요.

3

한 김 식힌 가지는 물을 꼭 짜내어 먹기 좋은 크기로 찢어요.

4

작은 볼에 양념장 재료를 계량하여 넣어요.

5

큰 볼에 가지와 양념장을 넣고 골고루 버무려요.

COOKING

6

톳두부무침

톳은 뾰족뾰족한 생김새나 오독오독한 식감 때문에 아이들에게 다소 생소할 수 있지만, 아이가 직접 씻어 보고 만져 보면서 관찰할 수 있도록 해 보세요. 철분 함량이 높아 빈혈 예방에도 좋고 요오드 성분이 풍부해 성장 발육에도 아주 좋답니다.

꼬마셰프 TIP!

큰 볼에 톳을 통째로 넣고 아이가 직접 조물조물 세척해 보면서 생김새와 촉감을 탐색할 수 있게 해 주세요. 굵은 줄기를 잡고 손으로 쓰다듬듯 만지면 작은 톳 알갱이들이 쉽게 떨어져요.

재료 3인분 기준　　　20분 내외　★ **난이도** ★☆☆

주재료 톳 180g, 두부 1모(300g), 소금 약간(데침용) | 양념 재료 간장 2T, 다진 마늘 0.5T, 참기름 1T, 통깨 약간

큰 볼에 톳을 넣고 물에 흔들어 씻어요.

MOM'S HELP 끓는 물에 소금을 약간 넣고 톳을 넣은 뒤, 톳이 녹색으로 변하면 건져 찬물에 헹궈 주세요.

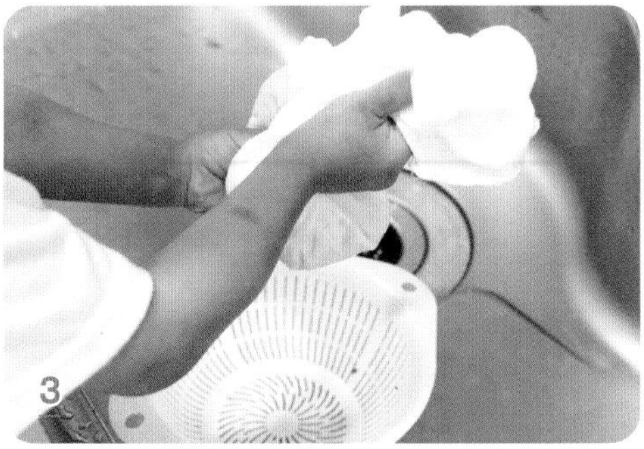

두부는 끓는 물에 살짝 데쳐 한 김 식힌 뒤 면보에 넣고 물기를 꼭 짜요.

작은 볼에 양념 재료를 계량해서 넣고 섞어요.

큰 볼에 두부와 톳, 양념장을 넣고 골고루 버무려요.

COOKING

7

오이미역초무침

미역은 칼슘이 풍부해 뼈를 튼튼하게 하고 치아를 형성해 주어 아이들에게 특히 좋은 식재료예요. 불리기 전의 딱딱한 미역도, 불린 후의 미끈미끈한 미역도 직접 만져 보게 해 주면서 재미있게 요리해 보세요.

꼬마셰프 TIP!

아이가 직접 볼에 마른 미역을 담고 물을 부어 보게 해 주세요. 작고 딱딱했던 마른 미역이 시간이 지나면서 점점 불어나 미끌미끌한 미역이 되는 과정을 관찰해 볼 수 있어요.

재료 3인분 기준　　20분 내외　★ **난이도** ★☆☆

주재료 미역 10g, 오이 1개, 당근 1/5개 | 양념 재료 식초 3T, 설탕(가루 알룰로스) 0.5T, 매실액 1T, 다진 마늘 0.5T

큰 볼에 미역을 넣고 물을 충분히 넣어 10분 정도 불려요.

MOM'S HELP 끓는 물에 소금 약간 넣고 불린 미역을 넣어 1분 정도 데쳐 주세요.

데친 미역은 찬물에 여러 번 문질러 헹군 뒤 물기를 꼭 짜요.

오이와 당근은 길게 반으로 갈라 어슷썰어요.

당근은 단단해서 아이가 썰기 쉽지 않으니 엄마가 도와주세요.

작은 볼에 양념 재료를 계량해 넣어요.

큰 볼에 준비된 재료와 양념 재료를 모두 넣어 골고루 무쳐요.

COOKING

8

오이탕탕이

이름도 재미있는 이 요리는 보통 고춧가루가 들어가는 오이무침과는 달리 아이들과 함께 먹을 수 있는 새콤하고 고소한 매력의 오이무침이에요. 맛도 좋지만 탕탕 두들겨 만드는 재미가 있어 아이들과 함께 만들기에도 좋아요.

재료 3인분 기준 ⏰ 15분 내외 ★ **난이도** ★☆☆

주재료 오이 2개 | **양념 재료** 식초 4T, 설탕(가루 알룰로스) 1T, 다진 마늘 1T, 소금 한 꼬집, 갈아낸 통깨 2T

오이는 껍질째 소금에 문질러 깨끗이 씻어요.

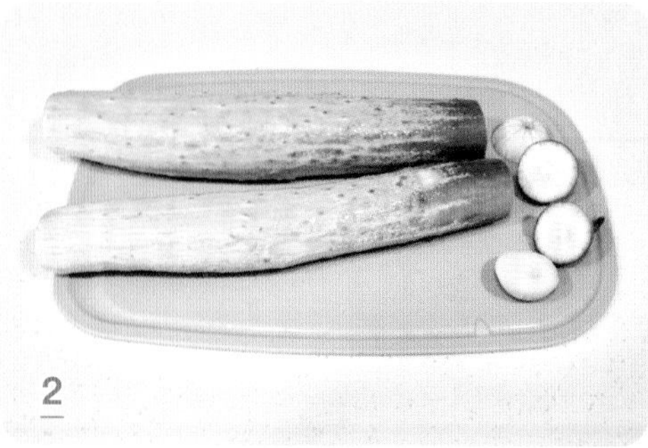

MOM'S HELP 오이의 오돌토돌한 돌기를 칼로 슥슥 가볍게 제거한 후 양끝을 살짝 잘라요.

비닐 팩에 오이를 넣고 요리용 망치로 두들겨요. 너무 잘게 으깨지진 않게 해 주세요.

작은 볼에 양념장을 계량해 넣은 뒤, 큰 볼에 오이와 양념장을 넣고 골고루 무쳐요.

꼬마셰프 TIP!

오이를 망치로 두드린 후 비닐팩에서 꺼내 모양을 관찰해 보세요. 아이가 아는 동물이나 사물과 닮은 조각이 있는지 찾아보는 건 아이의 상상력을 자극하는 재미있는 놀이가 될 수 있어요.

COOKING

9

오이크래미냉채

냉채 요리는 보통 겨자소스를 넣어 알싸하게 톡 쏘는 맛으로 먹지만 겨자 없이도 어른과 아이 모두 맛있게 먹을 수 있는 소스로 만들었어요. 오이와 크래미만 넣어도 충분히 맛있지만 양파를 약간 더해 주면 식감도 향도 훨씬 풍부해져요.

꼬마셰프 TIP!

크래미를 결대로 찢어 넣는 요리는 처음 요리를 시작하는 아이들도 재미있게 해 볼 수 있어요. 한 결 한 결 찢으면서 집중력과 소근육이 발달될 수 있는 활동이 될 거예요.

재료 3인분 기준 ⏰ 15분 내외 ★ **난이도** ★☆☆

주재료 오이 1개, 크래미 2줄, 양파 1/4개(생략 가능) | 양념 재료 식초 4T, 설탕(가루 알룰로스) 1T, 올리고당(액상 알룰로스) 1T, 다진 마늘 1T, 참기름 1T, 통깨 약간

MOM'S HELP 오이는 굵은 소금으로 문질러 흐르는 물에 깨끗이 씻어 주세요.

가시가 많은 부분과 양끝 껍질이 질긴 부분 위주로 가볍게 껍질을 깎아 주세요.

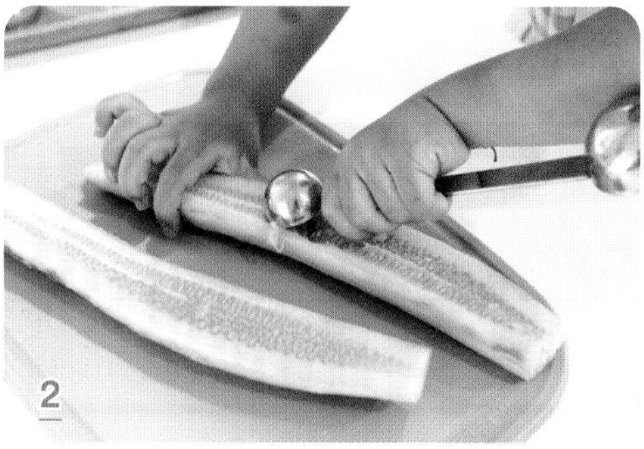

길게 반 가른 오이의 가운데 씨 부분을 작은 스푼으로 긁어내요.

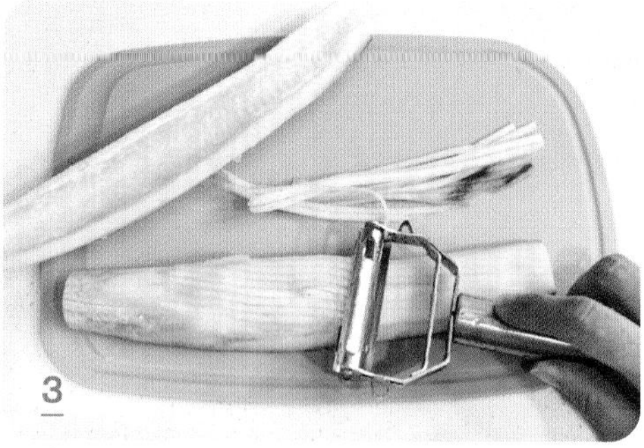

MOM'S HELP 야채 필러를 이용해 얇게 채 썰어 주세요. 양파를 넣을 경우 양파도 같이 채 썰어 주세요.

크래미를 결대로 잘게 찢어요.

작은 볼에 양념 재료를 모두 넣고 섞어요.

큰 볼에 소스와 준비한 재료를 모두 넣고 조물조물 무친 후 깨를 뿌려 마무리해요.

COOKING

10

새우잣소스냉채

평소 딱딱한 견과류의 식감을 좋아하지 않는 주호도 잣을 갈아 요거트에 섞어 주니 너무 맛있게 잘 먹었어요. 요거트 대신 마요네즈를 곁들여도 좋아요.

꼬마셰프 TIP!

엄마가 미리 구워 놓은 잣을 지퍼백에 넣고 망치로 두들겨 보거나 초퍼에 넣고 다져 보게 해 주세요. 평소에 자주 접하기 힘든 재료인 만큼 직접 갈아 보며 모양과 향을 인식하고 재료와 친해지는 기회가 될 수 있어요.

재료 3인분 기준 | 20분 내외 | **난이도** ★☆☆

주재료 냉동 새우 15마리, 오이 1개, 스위트콘 1캔(160g) | 양념 재료 구운 잣 2T, 플레인요거트 5T, 올리고당(액상 알룰로스) 3T, 레몬즙 0.5T, 소금 약간

MOM'S HELP 끓는 물에 소금을 약간 넣고 냉동 새우를 넣어 30초 정도 데쳐 주세요.

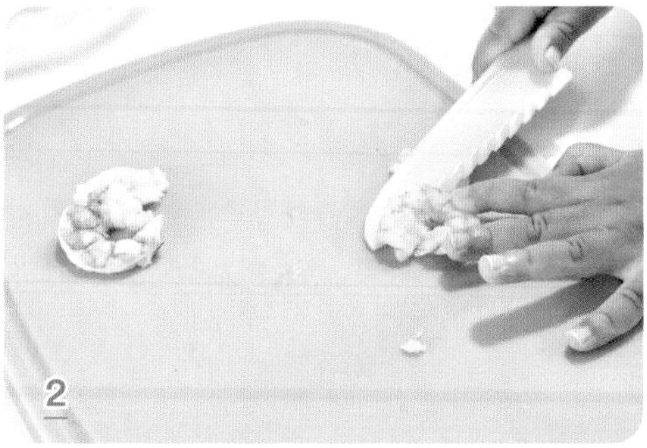

데친 새우는 찬물에 헹궈 식혀 준 뒤 반으로 슬라이스해요.

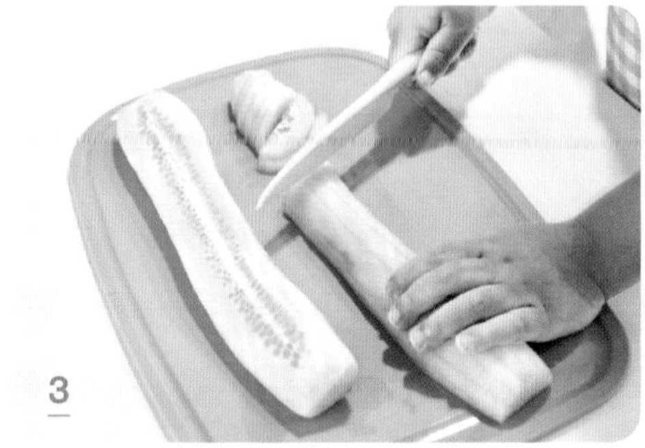

오이는 길게 반으로 갈라 반달썰기해요.

볼에 오이와 소금을 넣고 10분 정도 절였다가 물기를 꼭 짜 주세요.

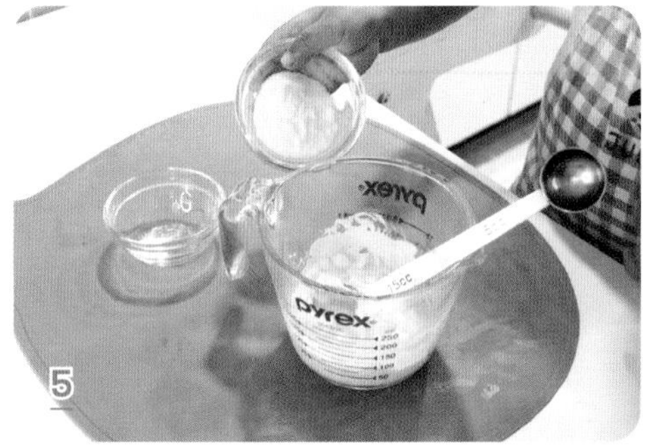

작은 볼에 소스 재료를 넣고 섞어 주세요.

큰 볼에 새우, 오이, 물기 뺀 스위트콘과 소스를 함께 넣어 잘 버무려 주세요.

COOKING

11

메추리알장

2~3시간만 숙성시켜도 간이 잘 배어 맛있게 먹을 수 있지만 요리 후 바로 먹어도 짜지 않아서 좋았어요. 밥에 버터 한 조각과 간장 양념 한 스푼을 넣어 메추리알과 비벼 먹으면 간편하게 '간장버터밥'을 만들어 드실 수 있어요.

재료 3인분 기준 ⏰ 15분 내외 ★ **난이도** ★☆☆

주재료 메추리알 500g | 양념 재료 간장 3T, 참치액 1T, 맛술 1T, 올리고당(액상 알룰로스) 3T, 참기름 1T, 다진 대파 2T, 다진 양파 2T, 통깨 약간, 물 150ml

깐 메추리알은 흐르는 물에 한 번 헹궈요.

대파와 양파는 큼지막하게 썰어 초퍼에 넣고 잘게 다져요.

작은 볼에 양념 재료를 모두 넣고 섞어요.

큰 반찬통에 메추리알을 넣고 양념 재료를 부어요. 상온에서 3시간 정도 숙성 후 바로 먹을 수 있어요.

COOKING

12

닭가슴살깨무침

닭고기는 육류 중에서도 단백질 함량이 가장 높고, 소고기나 돼지고기에 비해 소화 흡수가 잘 돼요. 평소 닭가슴살이 뻑뻑하게만 느껴졌다면 야채와 함께 고소한 참깨소스에 무쳐서 드셔 보세요.

재료 3인분 기준　　　　20분 내외　★ **난이도** ★☆☆

주재료 삶은 닭가슴살 400g, 양배추 4장, 브로콜리 1/2개 | 양념 재료 갈아 놓은 깨 3T, 마요네즈 2T, 땅콩버터 2T, 식초 1T, 설탕(가루 알룰로스) 2T, 간장 1T, 참기름 1T

1

양배추와 브로콜리는 깨끗이 세척 후 한입 크기로 잘라요.

2

MOM'S HELP 브로콜리는 끓는 물에 약간의 소금을 넣고 1분 이내로 데친 후, 찬물에 헹궈 주세요.

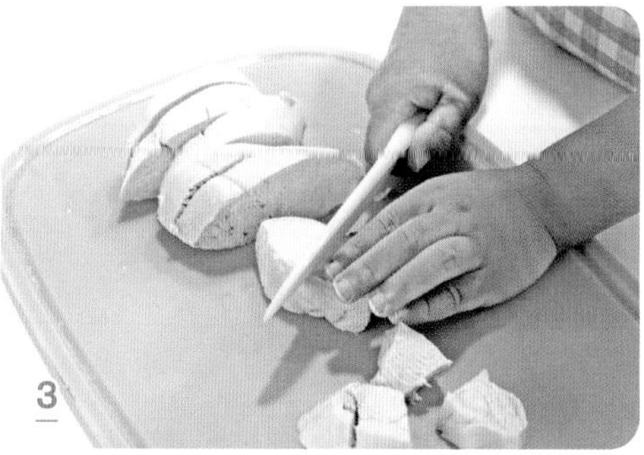

3

삶은 닭가슴살은 결의 반대 방향으로 깍둑 썰어요. 결의 반대 방향으로 썰면 힘줄을 끊어 주어 더 부드럽게 먹을 수 있어요.

4

작은 볼에 양념 재료를 모두 넣고 섞어 주세요.

5

큰 볼에 닭가슴살과 양배추, 브로콜리를 넣고 양념 재료를 넣어 골고루 무쳐 주세요.

COOKING

13

간장비빔국수

비빔국수에 볶은 고기와 다양한 야채를 토핑으로 올리면 부족한 영양소를 보충할 수 있어 영양 측면에서도 훌륭한 한 그릇 요리가 된답니다.

재료 3인분 기준 ⏰ 25분 내외 ★ **난이도** ★☆☆

주재료 소면 200g, 다짐육(소고기 또는 돼지고기) 100g, 애호박 1/4개, 당근 1/4개 | 양념 재료 간장 2T, 올리고당(액상 알룰로스) 1T, 다진 마늘 0.5T, 설탕(가루 알룰로스) 0.5T, 참기름 1T, 깨 약간 (고기 양념) 간장 0.5T, 맛술 0.5T, 설탕(가루 알룰로스) 1T, 다진 마늘 0.5T

1-1

1-2

볼에 고기 양념을 계량해서 넣어 주세요. 손에 비닐장갑을 낀 채 고기를 넣어 조물조물 한 뒤 양념에 잠시 재워 둬요.

2

MOM'S HELP 달군 팬에 약간의 기름을 두르고 고기를 볶아 주세요.

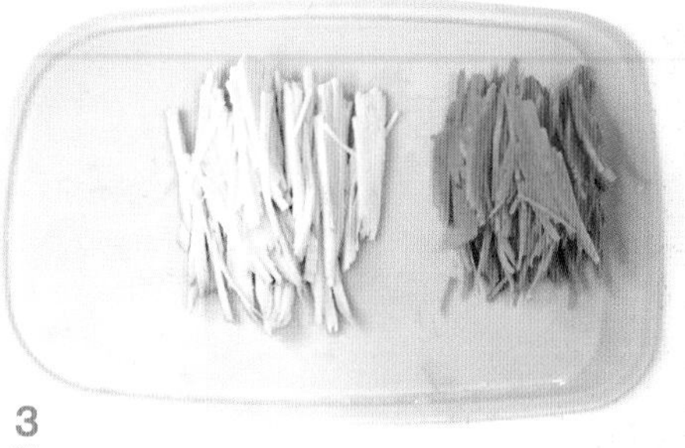
3

MOM'S HELP 애호박과 당근은 얇게 채 썰어 주세요.

4

MOM'S HELP 끓는 물에 소금 약간을 넣고 소면을 넣어 끓어오르면 찬물 반 컵을 부어 주세요. 다시 끓어오르면 애호박과 당근을 넣고 끓어오르면 찬물 반 컵을 부은 뒤 불을 꺼 주세요.

5

찬물에 소면을 박박 헹궈요.

6-1

6-2

큰 볼에 양념 재료를 계량해서 넣고 소면과 볶아 둔 고기를 넣어 골고루 버무려요.

꼬마셰프 TIP!

삶은 소면은 찬물에 한번 헹궈낸 뒤 아이가 직접 비벼 가며 전분기를 씻어 낼 수 있게 해 주세요. 탄탄해지는 면의 촉감도 느껴 보고 잡아당기거나 먹으면서 쫄깃한 식감도 느낄 수 있어요.

COOKING 14

들기름막국수

메밀은 다른 곡류에 비해 단백질과 비타민 등의 영양소가 월등히 높아요. 면을 좋아하는 아이들이 있다면 가급적 밀가루면보다는 건강한 메밀면을 사용해 보세요.

꼬마셰프 TIP!

쯔유는 아이들에게 다소 생소한 재료일 수 있어요. 색깔이 비슷한 쯔유와 간장을 조금씩 따라 맛과 향의 차이를 느껴 볼 수 있게 해 보세요.

재료 3인분 기준 | 20분 내외 | **난이도** ★☆☆

주재료 메밀면 420g, 김 2봉 | 양념 재료 들기름 3T, 쯔유 3T, 올리고당(액상 알룰로스) 2.5T

1

MOM'S HELP 끓는 물에 메밀면을 넣고 봉지 뒷면에 쓰여진 시간만큼 삶아 주세요.

별도 시간 표기가 없는 경우 물이 끓어올라 넘치려고 할 때 찬물을 한 컵 넣어 주세요. 2번 정도 반복 후 불을 꺼 주세요.

2

찬물에 면을 비벼가며 헹궈요.

3

볼에 소스 재료를 넣고 잘 섞어요.

4

그릇에 면을 담고 소스를 부어요.

5

김을 부셔 넣어 마무리해요.

COOKING

15

도토리묵사발

시원한 육수와 탱글탱글 젤리 같은 식감 덕분에 아이도 정말 좋아하는 메뉴예요. 자칫 묵으로는 부족할 수 있는 영양소 보충을 위해 토핑으로 계란지단이나 오이채를 넉넉히 올려 주세요.

재료 3인분 기준 ⏰ 20분 내외 ★ **난이도** ★☆☆

주재료 도토리묵 2모(600g), 오이 1/3개, 계란 2개, 시판 냉면 육수, 김 가루 약간, 씻은 김치 150g

* 냉면 육수는 냉동 보관한 경우 3시간 전에 상온에서 해동하고, 냉장 보관한 육수는 먹기 3시간 전에 냉동실에 넣어 두세요.

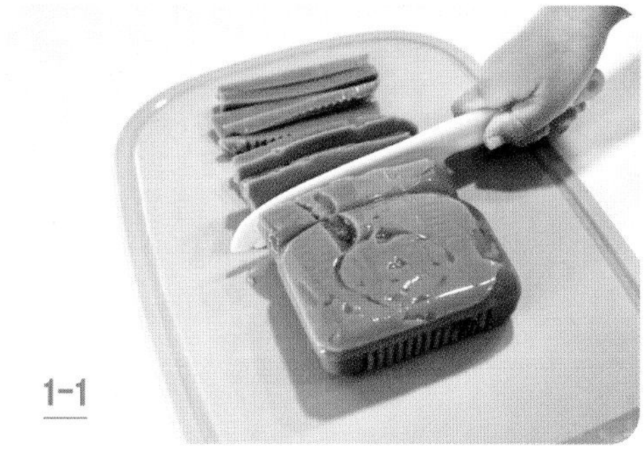
1-1

1-2

묵은 칼로 썰거나 모양 틀로 찍어요.

2

MOM'S HELP 오이는 깨끗이 씻어 껍질을 깎은 후 얇게 채 썰어 주세요.

오이는 유아용 칼로 자르기엔 딱딱하니 아이에게 기회를 주되 마무리는 엄마가 도와주세요.

3

계란의 흰자와 노른자를 분리해요.

노른자 분리기를 이용하면 편해요.

4

MOM'S HELP 계란의 흰자와 노른자 각각 지단을 부쳐 주세요.

5

지단을 얇게 채 썰어요.

그릇에 썰어 둔 묵을 담고 오이와 지단을 올려요.

육수를 부은 뒤 깨를 살짝 뿌려요.

육수는 아이가 따르기 편한 용기에 담아 부어 볼 수 있게 해 주세요. 아이가 들기에 무겁지 않게 적당량씩 담아서 제공해 주세요.

꼬마셰프 TIP!

계란지단을 부칠 때 굳이 흰자와 노른자를 분리할 필요는 없지만 계란 깨기에 조금 익숙해진 아이라면 분리하는 것도 시도해 보세요. 계란분리기를 이용하면 편해요.

COOKING

16

양배추쌈밥

양배추는 위장 건강에 좋다고 알려져 있기도 하지만 칼슘과 비타민이 풍부해 아이들 성장에도 매우 좋은 식재료예요. 뻣뻣한 식감 때문에 생으로 먹기 힘든 아이는 부드럽게 쪄서 주면 훨씬 먹기도 편하고 속도 편하답니다.

재료 3인분 기준 ⏰ 20분 내외 ★ **난이도** ★★★

주재료 양배추 20장, 밥 1공기 | 양념 재료 삶은 병아리콩(통조림) 80g, 된장 0.5T, 참기름 1T, 올리고당(액상 알룰로스) 0.5T, 깨 약간

MOM'S HELP 양배추는 쌈을 싸기 쉽도록 가운데 부분만 네모 모양으로 썰어 준비해 주세요.

MOM'S HELP 찜기에 물을 붓고 끓여 김이 오르면 양배추를 깔고 5분간 쪄 주세요. 불을 끄고 5분간 뜸을 들인 뒤 한 김 식혀 주세요.

초퍼에 쌈장 재료를 모두 넣고 잘게 다져요.

양배추 위에 밥을 유아 수저로 1스푼 떠서 올린 뒤, 쌈장도 1스푼 올려요.

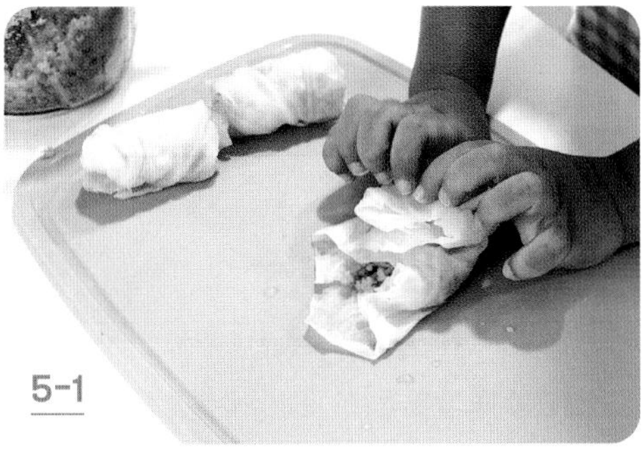

5-1

5-2

양배추의 양옆을 감싼 뒤 김밥 말듯 돌돌 말고 그 위에 깨를 약간 뿌려요.

꼬마셰프 TIP!

아이가 찐 양배추를 돌돌 마는 게 어려운 경우, 카나페처럼 쌈 위에 밥과 쌈장을 올리는 모양으로 만들어 봐도 좋아요.

COOKING

17

크래미스프링롤

라이스페이퍼에 야채나 과일, 고기 등을 함께 싸 먹는 월남쌈 요리예요. 야채를 안 먹는 아이들도 좋아하는 과일이나 고기와 함께 말아 고소한 땅콩소스에 찍어 주면 맛있게 먹을 수 있어요.

꼬마셰프 TIP!

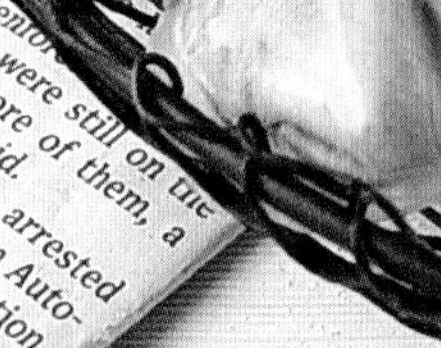

따뜻한 물에 라이스페이퍼를 적셔 쌈을 싸고 돌돌 마는 건 아이에게 다소 어려울 수 있어요. 김밥처럼 마는 게 어렵다면 네 귀퉁이를 착착 접어 네모 모양으로 만들어도 좋아요.

재료 3인분 기준 ⏰ 25분 내외 ★ **난이도** ★★★

주재료 라이스페이퍼 15장, 크래미 3줄(150g), 파프리카 1/2개, 파인애플 100g, 당근 1/4개

땅콩소스 재료 땅콩버터 2T, 플레인요거트 2T, 올리고당(액상 알룰로스) 1T, 레몬즙 0.5T

크래미를 손으로 굵게 찢어요.

파프리카는 채 썰고 파인애플은 아이 한입 크기로 작게 썰어요.

MOM'S HELP 당근같이 딱딱한 채소는 엄마가 채 써는 걸 도와주세요.

작은 볼에 땅콩소스 재료를 넣고 잘 섞어요.

라이스페이퍼를 따뜻한 물에 적셔 도마에 펼친 뒤 재료를 조금씩 올려요.

아랫부분부터 감싸듯 올리고 양 옆을 접어 김밥 말듯 돌돌 말아요.

COOKING

18

콥샐러드

콥샐러드(Cobb Salad)는 어원 자체가 냉장고에 남은 재료들로 간단히 만들어 먹는 요리를 말해요. 야채를 좋아하지 않는 아이들도 좋아하는 계란이나 옥수수, 과일 등과 함께 요거트 드레싱을 뿌려 주면 맛있게 먹을 거예요.

꼬마셰프 TIP!

재료를 접시에 담아낼 때, 아이는 사자나 기린 등 다양한 모양으로 담아내고 싶어 하더라고요. 반드시 가지런히 담아낼 필요는 없으니 아이가 원하는 대로 담아 볼 수 있게 해 보세요.

재료 3인분 기준 · 20분 내외 · **난이도** ★☆☆

주재료 삶은 계란 2개, 파프리카(빨강, 노랑) 각 1/3개, 오이 1/2개, 아보카도 1/2개, 토마토 1개, 닭가슴살 120g, 스위트콘 120g

요거트크림소스 재료 플레인요거트 2T, 마요네즈 2T, 올리고당(액상 알룰로스) 1T, 다진 양파 1T, 레몬즙 0.5T, 소금 약간

MOM'S HELP 끓는 물에 소금을 약간 넣고 계란을 넣어 12분간 삶아 주세요.

삶은 계란은 찬물에 잠시 담갔다가 껍질을 까고 슬라이스해요.

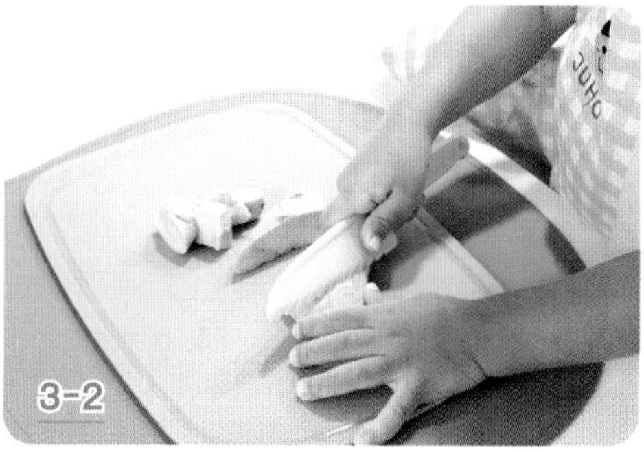

파프리카, 오이, 아보카도, 토마토, 닭가슴살은 한입 크기로 깍둑 썰기해요.

작은 볼에 드레싱 재료를 모두 넣고 섞어요.

접시에 미리 썰어 둔 재료들과 스위트콘을 예쁘게 담아요.

COOKING

19

카프레제샐러드

토마토는 비타민과 무기질이 풍부하고, 모차렐라치즈는 단백질과 칼슘이 풍부해서 같이 먹으면 맛도 영양도 조합이 정말 좋아요. 아이가 바질의 향을 낯설어한다면 어린잎으로 대체해 보세요.

꼬마셰프 TIP!

아이가 두 돌 무렵일 때는 슬라이스한 토마토와 모차렐라치즈를 번갈아 접시에 담는 걸 헷갈려 하더라고요. 아이가 아직 어리다면 배열과 규칙을 놀이하듯 배울 수 있는 기회가 될 수 있어요.

재료 3인분 기준　　15분 내외　★난이도 ★☆☆

주재료 토마토2개, 생모차렐라 치즈 250g, 바질잎 약간(생략 가능), 파마산치즈가루 약간(생략 가능)

발사믹오일 드레싱 재료 발사믹식초 2T, 올리브오일 2T, 올리고당(액상 알룰로스) 1T, 다진 양파 1T, 소금 약간

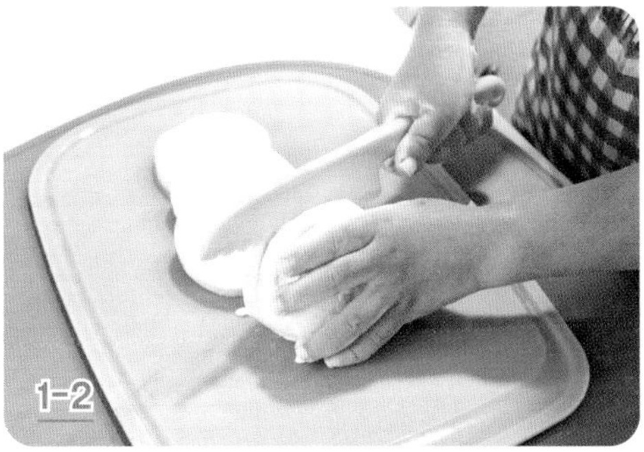

토마토와 치즈를 0.5cm 정도의 두께로 썰어요.

접시에 토마토와 치즈를 번갈아 가며 겹쳐서 담아요.

토마토와 치즈의 지름 차이가 크다면 작은 건 두 개씩 겹쳐 줘도 좋아요.

바질잎을 살짝 곁들인 후 파마산치즈가루를 살짝 뿌려요(생략 가능).

작은 볼에 드레싱 재료를 넣고 골고루 섞어 곁들여요.

COOKING

20

코울슬로

차가운 양배추라는 뜻의 네덜란드어에서 유래된 양배추 샐러드예요. 완성된 코울슬로는 그냥 수저로 퍼먹어도 좋지만 모닝빵 사이에 넣어 샌드위치처럼 먹어도 정말 맛있어요.

꼬마셰프 TIP!

양배추는 딱딱해서 유아용 칼로 썰기가 쉽지 않아요. 잘게 자르는 건 엄마가 도와주거나 초퍼를 사용하도록 하되, 아이가 겹겹이 쌓인 양배추 잎을 하나씩 뜯어도 보고 손으로 찢어도 보며 다양하게 탐색할 수 있는 기회를 주세요.

재료 3인분 기준 ⏰ 20분 내외 ★ **난이도** ★★☆

주재료 양배추 150g, 스위트콘 1캔, 파프리카(빨강, 노랑) 각1/4개

드레싱 재료 마요네즈 4T, 플레인요거트 2T, 설탕(가루 알룰로스) 0.5T, 레몬즙 1T, 소금 약간

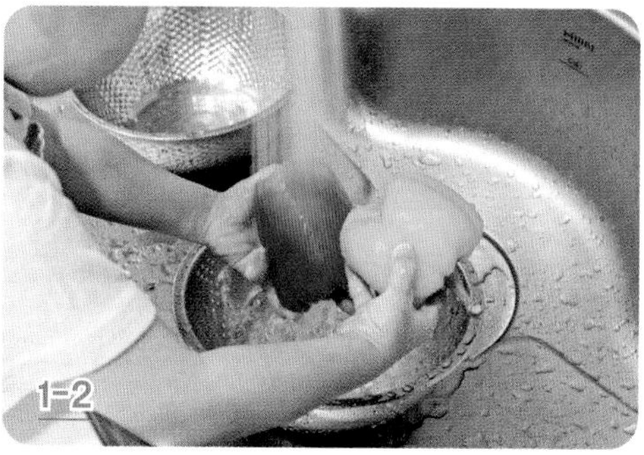

양배추의 굵은 심지는 제거한 후 한 장씩 떼어 보며 씻어요. 파프리카도 깨끗이 씻어요.

양배추와 파프리카는 초퍼로 너무 작지 않게 다져요.

스위트콘은 체에 받쳐 물기를 제거해요.

작은 볼에 드레싱 재료를 넣어 잘 섞어요.

큰 볼에 잘게 썬 야채와 스위트콘, 드레싱 재료를 넣고 골고루 섞어요.

COOKING
21

마카로니샐러드

아이가 좋아하는 과일이나 계란, 냉장고 속 자투리 야채들을 이용해 간단하게 만들 수 있어요. 야채를 좋아하지 않는 아이들도 고소하고 달콤한 소스에 버무려진 마카로니와 함께면 맛있게 먹을 거예요.

재료 3인분 기준 ⏰ 25분 내외 ★ **난이도** ★★☆

주재료 마카로니 100g, 스위트콘 140g, 삶은 계란 2개, 파프리카(빨강, 노랑) 각 1/4개, 햄 80g

드레싱 재료 마요네즈 5T, 설탕(가루 알룰로스) 1T, 소금 약간, 파슬리가루 약간

1

MOM'S HELP 끓는 물에 소금을 약간 넣고 마카로니를 넣어 8~10분간 삶은 뒤 찬물에 헹궈 주세요.

2

MOM'S HELP 끓는 물에 소금을 약간 넣고 계란을 넣어 12분 정도 삶은 뒤 찬물에 담가 주세요.

3-1

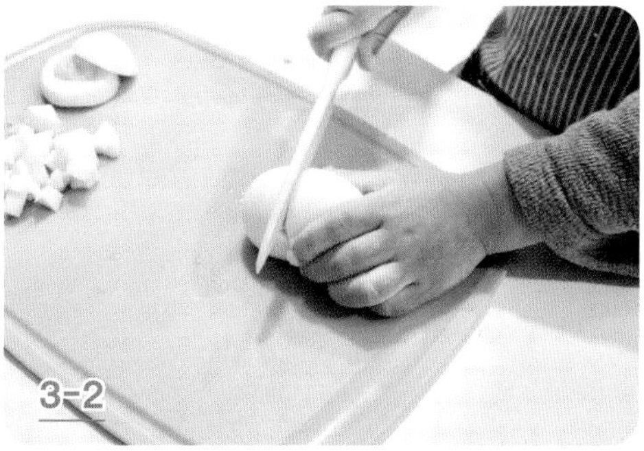
3-2

삶은 계란의 껍질을 까서 마카로니와 비슷한 크기 정도로 잘게 썰어요.

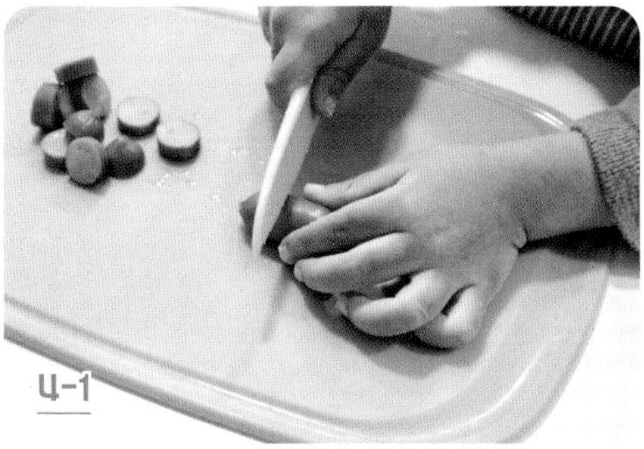
4-1

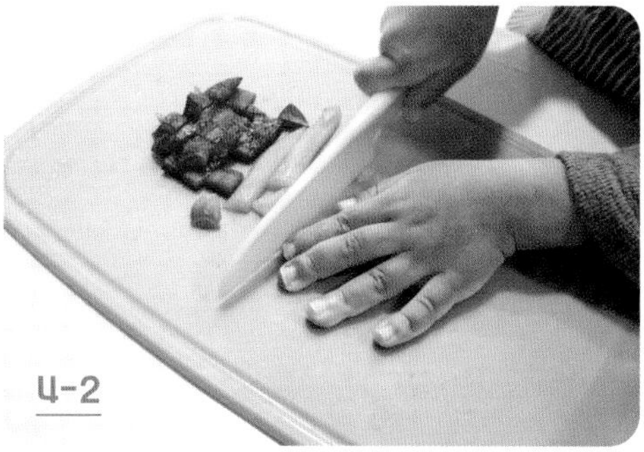
4-2

햄과 파프리카도 동일한 사이즈로 잘게 썰어요.

볼에 드레싱 재료를 넣고 잘 섞어요.

큰 볼에 잘게 썰어 둔 재료와 드레싱을 넣고 골고루 버무린 후 파슬리 가루를 뿌려요.

꼬마셰프 TIP!

돌 전부터 아이에게 삶은 계란을 직접 까 먹어 볼 수 있게 해 줬어요. 의외로 껍질 하나하나 까는 데 굉장히 집중하더라고요. 소근육 발달은 물론 집중력을 키우는 데에도 좋은 활동이 될 거예요.

COOKING

22

채소피클

보통은 끓인 피클물을 채소에 부어 만들지만 불에 끓이지 않고도 쉽고 안전하게 만들 수 있답니다. 채소는 아이의 기호에 따라 자유롭게 대체하거나 좋아하는 과일이 있다면 같이 넣어도 좋아요.

재료 2L 1병 기준 ⏰ 20분 내외 ★ **난이도** ★★☆

주재료 양배추 1/8개, 무 1/6개, 파프리카(빨강, 노랑) 각 1/3개, 오이 1/2개, 적양파 1/4개, 레몬 1/2개

피클주스 재료 식초 180ml, 설탕(가루 알룰로스) 180g, 물 270g

MOM'S HELP 냄비에 찬물을 1/3 정도 담고 유리병을 거꾸로 뒤집어 넣어 끓여 주세요. 끓기 시작 후 3~4분 정도 후에 불을 끄고 병을 꺼내어 완전히 식혀 주세요.

야채는 한입 크기로 썰어요.

양배추와 무 등 단단한 야채는 엄마가 자르는 걸 도와주세요. 모양 틀을 사용하는 경우 무나 오이를 0.5cm 두께로 슬라이스해서 틀로 찍어 주세요.

유리병에 자른 야채를 채워요.

큰 볼에 피클주스 재료를 모두 넣고 설탕을 잘 녹인 뒤, 야채를 담은 병에 부어요.

꼬마셰프 TIP!

채소를 다양한 모양 틀로 찍어 보세요. 딱딱한 채소는 너무 두꺼우면 틀로 찍기 어려우니 0.5cm 정도 두께로 잘라 주세요. 자투리 채소는 버리지 말고 잘게 다져 야채 큐브를 만들어 냉동보관해 두었다가 볶음밥 등에 활용하시면 좋아요.

COOKING

23

방울토마토마리네이드

껍질을 벗겨 새콤하게 절여 먹는 요리로 아이들이 먹기에도 부담 없어요. 차게 해서 샐러드처럼 그냥 먹어도 좋고 파스타면을 삶아서 비벼 먹어도 맛있어요.

재료 2L 1병 기준 ⏰ 30분 내외 ★ **난이도** ★★☆

주재료 컬러 방울토마토 1kg, 레몬 1/2개, 자색 양파 1/4개

소스 재료 올리브유 5T, 화이트 발사믹 2T, 레몬(레몬즙용) 1/2개, 올리고당(액상 알룰로스) 1T, 소금 약간

1

방울토마토는 야채 과일 세정제를 사용하여 깨끗이 씻어요(생각보다 불순물이 많이 나와요).

2

방울토마토 꼭지를 따고 꼭지 뗀 자리에 십자(+)로 칼집을 내요.

3

MOM'S HELP 끓는 물에 방울토마토를 넣고 1분 내외로 데친 후 찬물에 헹궈 주세요.

4

방울토마토 껍질을 까요.

5

양파는 초퍼로 잘게 다져요.

6

레몬은 반으로 잘라 반은 슬라이스하고 나머지 반은 즙을 짜요.

작은 볼에 드레싱 재료를 넣고 섞어요.

넓은 볼에 방울토마토와 슬라이스한 레몬, 잘게 다진 양파를 넣고 드레싱을 부어 섞어요.

열탕 소독한 유리병이나 밀폐용기에 담아 냉장고에서 하루 정도 숙성한 뒤 먹어요.

꼬마셰프 TIP!

방울토마토는 껍질을 제거해야 먹을 때 식감도 부드럽고 드레싱도 잘 스며들어요. 아이와 함께 방울토마토 껍질 까기를 해 보세요. 소근육 발달은 물론 눈과 손 협응력 발달에도 매우 좋은 활동이에요.

COOKING

24

에그베네딕트

브런치 카페에서나 먹을 법한 에그베네딕트를 집에서도 이렇게 간단히 만들 수 있다니! 조리 과정이 어려울 것 같아도 전자레인지를 이용해 수란을 만들고 소스도 약간의 팁만 알면 생각보다 무척 쉽게 만들 수 있어요.

재료 ⏰ 30분 내외 ★ **난이도** ★★★

주재료 잉글리쉬 머핀(또는 식빵) 3장, 계란 3개, 시금치 100g, 토마토 1/2개, 슬라이스햄 3장, 다진 마늘 약간, 소금 약간, 파슬리가루 약간

홀랜다이즈 소스 재료 계란 노른자 2개, 녹인 버터 40g, 레몬즙 0.5T, 소금 한 꼬집

토마토는 슬라이스해서 소금을 약간 뿌려 두세요.

버터 녹인 팬에 빵과 햄을 올려 앞뒤로 살짝 구워 주세요.

팬에 올리브유와 다진 마늘을 넣고 향이 올라오면 시금치와 약간의 소금을 넣어 살짝 볶아 주세요.

4

수란 틀(또는 오목한 내열용기)에 계란을 넣고 포크로 노른자를 콕 찌른 후, 물 두 스푼을 넣어 전자렌지에 40~50초 정도 데워요.

돌리는 중간 중간 문을 열어 노른자가 터지거나 너무 익지 않는지 확인해요.

5

뜨거운 물을 담은 볼 위에 다른 볼을 올려 계란 노른자와 레몬즙을 넣고, 녹인 버터를 나눠 넣어 가며 중탕으로 휘핑해요. 마요네즈 같은 농도가 될 때까지 휘핑해요.

6

접시에 살짝 구운 빵을 놓고 햄, 토마토, 시금치, 수란 순으로 올린 뒤 홀랜다이즈 소스를 끼얹어요.

7

파슬리가루를 살짝 뿌려 주세요.

꼬마셰프 TIP!

홀랜다이즈 소스를 만들 때에는 반드시 뜨거운 물을 받쳐 중탕으로 휘핑해야 계란에 점성이 생겨 마요네즈 같은 농도의 소스가 완성돼요(일반 거품기로 빠르게 휘저어도 괜찮아요).

COOKING

25

감자샐러드

부드러운 식감에 고소한 맛과 아작하게 씹히는 야채가 어우러져 아이, 어른 할 것 없이 모두가 좋아하는 메뉴예요. 빵에 넣어 샌드위치로 드시거나 크래커 위에 올려 카나페로도 즐겨 보세요.

재료 ⏰ 25분 내외 ★ **난이도** ★★☆

주재료 감자 400g, 계란 3개, 오이 1/2개, 당근 1/5개

소스 재료 마요네즈 4T, 올리고당(액상 알룰로스) 1T, 식초 0.5T, 소금 약간

끓는 물에 소금을 약간 넣고 계란을 12~13분 정도 삶아 주세요.

MOM'S HELP 감자는 깨끗이 씻어 껍질째 냄비에 넣고 물을 부어 20~25분 정도 삶은 뒤 뜨거울 때 껍질을 까 주세요.

껍질 깐 감자는 뜨거울 때 볼에 넣고 으깬 후 식초와 소금을 넣어 섞어요.

오이는 얇게 슬라이스해 소금을 약간 넣고 10분 정도 절였다가 물기를 꼭 짜내요.

당근은 초퍼에 넣고 잘게 다져요.

삶은 계란의 흰자에 살짝 칼집을 내어 노른자를 분리한 후 흰자는 잘게 으깨요.

큰 볼에 준비한 재료를 담고 마요네즈, 알룰로스(또는 올리고당)를 넣고 섞어요.

노른자를 체에 내려요.

꼬마셰프 TIP!

완성된 샐러드는 빵에 발라 샌드위치로도 즐겨 보세요. 식빵에 가득히 감자샐러드로 속을 채우는 게 부담스럽다면 노릇하게 구운 식빵 한 장을 반으로 슬라이스해서 사용하시거나 잉글리쉬 머핀을 활용해 보세요.

COOKING 26

접어 먹는 김밥

아이들이 좋아하는 재료로 다양하게 응용해 볼 수 있고 돌돌 마는 김밥보다 훨씬 간단하게 만들 수 있어요. 식판식 준비가 번거로울 때나 외출할 때 가지고 나가기에도 좋아요.

재료 ⏰ 20분 내외 ★ 난이도 ★★☆

주재료 밥 1공기, 참기름 1T, 통깨 약간, 슬라이스치즈 3장
(참치마요) 참치캔 1/2개, 다진 양파 1T, 마요네즈 4T, 상추 3장, 깨 약간 | (계란프라이) 계란 3개, 소금 약간

밥은 너무 뜨겁지 않게 한 김 식혀 참기름과 통깨를 넣고 섞어요.

이 책에서는 미리 해 둔 나물밥이 있어 활용하였지만 흰 쌀밥이나 잡곡밥 등 어떤 밥으로 해도 상관없습니다.

참치캔은 체에 받쳐 뜨거운 물을 부어 기름기를 빼요.

양파는 큼직하게 썰어 초퍼에 넣고 잘게 갈아요.

작은 볼에 참치와 양파, 마요네즈를 넣고 골고루 섞어요.

팬에 기름을 약간 두르고 계란프라이를 노른자까지 잘 익혀 만들어 주세요.

김의 가운데 부분을 중앙까지 가위로 잘라요.

4개의 면에 각각 재료를 순서대로 올려요.
(1면: 밥 → 2면: 상추1장 반 접어 깔고 참치마요 → 3면: 치즈 → 4면: 계란프라이)

왼쪽 아래부터 시계 방향으로 3번 접어요.

꼬마셰프 TIP!

재료를 각각의 칸의 가운데에 잘 맞춰 올려야 예쁘게 접혀요. 치즈나 상추 등을 미리 깔아 위치를 잡아 준 뒤, 그 위에 속을 올리도록 해 보세요.

COOKING

27

꼬마김밥

아이가 스스로 원하는 만큼 재료를 넣고 싸 먹을 수 있도록 해 보세요. 아이가 좋아하지 않는 재료나 애매하게 남은 반찬이 있다면 다양하게 넣어 김밥 속으로 활용해도 좋아요.

꼬마셰프 TIP!

김밥을 둥글게 돌돌 마는 과정은 아이의 발달 수준에 따라 다소 어려울 수 있어요. 아이의 발달 수준에 맞춰 꼭 둥글게 말지 않더라도 반으로 접거나 삼절 접기 등 다양하게 시도해 보세요.

재료

⏰ 30분 내외 ★ 난이도 ★★★

주재료 김밥용 김 3장, 당근 1/2개, 계란 2개, 시금치 1/3단(약 100g), 단무지 4줄, 김밥햄 4줄, 참기름 약간, 통깨 약간 | 밥 양념 밥 2공기, 참기름 1T, 소금 약간, 통깨 약간

볼에 계란을 깨 넣고 소금을 약간 넣어 잘 풀어요.

당근과 시금치는 깨끗이 씻어요.

MOM'S HELP 달군 팬에 얇게 계란지단을 부쳐요.

MOM'S HELP 당근은 얇게 채를 썰어 기름 두른 팬에 약간의 소금과 함께 볶아 주세요. 시금치는 끓는 물에 약간의 소금과 함께 살짝 데쳐 찬물에 헹궈 주세요.

햄과 단무지는 반으로 자르고 계란지단도 비슷한 크기로 잘라요.

밥에 양념 재료를 넣고 잘 섞어요.

김밥용 김을 4등분으로 잘라 밥을 고르게 펴요.

계란지단, 당근, 시금치, 햄을 조금씩 올린 뒤 아래에서 위로 돌돌 말아요.

마지막에 참기름을 바르고 통깨를 뿌려요.

COOKING

28

두부유부초밥

밥 대신 두부로 속을 채우면 식감도 부드럽고 단백질도 풍부해 영양까지 챙길 수 있어요. 냉장고 속 자투리 채소나 햄, 고기 등을 다져 넣으면 식감도 맛도 훨씬 풍성해져요.

재료 3인분 기준 ⏰ 25분 내외 ★ **난이도** ★★☆

주재료 두부 450g, 시판 유부주머니 14개, 브로콜리 50g, 당근 1/4개 | 양념 재료 초밥소스 1T, 조미 후레이크 1봉, 참기름 1T

*취향에 따라 밥과 두부를 반씩 섞어 만들어도 좋아요.

1

두부는 면 보자기에 싼 후 물기를 꽉 짜요.

2-1

MOM'S HELP 브로콜리는 깨끗이 씻어 끓는 물에 소금을 약간 넣고 1분 내외로 데친 후 찬물에 헹궈 주세요.

2-2

3-1

초퍼에 데친 브로콜리와 당근을 넣고 잘게 다져요.

3-2

4

볼에 두부와 다진 야채를 넣고 시판 유부초밥에 동봉된 소스와 참기름을 넣어 골고루 섞어요.

5

유부 사이에 속을 조금씩 채워 넣어요.

속을 너무 많이 넣으면 유부가 찢어지기 쉽고 아이가 먹기도 어려워요.

꼬마셰프 TIP!

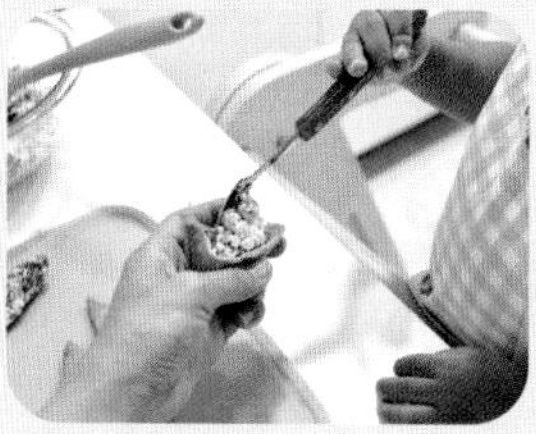

아이들이 유부 사이를 손으로 벌려 속을 채우는 일은 생각보다 쉽지 않아요. 처음엔 엄마가 유부를 들고 아이가 속을 떠서 넣는 것부터 시작해 보세요.

COOKING

29

김가루멸치주먹밥

멸치는 칼슘이 풍부해서 뼈 성장에 좋다고 많이 알려져 있지만 아이들의 뇌발달에도 매우 좋아요. 아이와 만들어 집에서 바로 먹거나 외출용 도시락으로도 활용해 보세요.

재료 3인분 기준 ⏰ 25분 내외 ★ **난이도** ★★☆

주재료 밥 2공기, 멸치볶음 4T, 계란 노른자 4개, 김가루 1/2컵, 참기름 0.5T | 멸치 볶음 잔멸치 100g, 간장 0.5T, 올리고당(액상 알룰로스) 2T, 참기름 0.5T, 맛술 1T, 오일 1T

1-1

1-2

MOM'S HELP 잔멸치를 팬에 넣고 약불에서 한번 볶아 체에 내려 주세요.

체에 내려 가루를 한 번 털어내면 좀 더 깔끔하게 만들 수 있어요.

2

MOM'S HELP 다른 팬에 양념장 재료를 넣고 끓이다가 살짝 졸아들면 멸치를 넣고 빠르게 뒤섞어 주세요.

3

MOM'S HELP 끓는 물에 소금을 약간 넣고 계란을 넣어 13분간 삶아 준 뒤 찬물로 헹궈 주세요.

4

계란 껍질을 깐 뒤 칼로 흰자에 살짝 칼집을 넣어 흰자와 노른자를 분리해요.

5

노른자는 체에 한번 내려요(흰자는 샐러드 등에 넣어 활용해요).

6

밥에 멸치볶음과 김가루, 참기름을 넣고 잘 섞은 뒤 동그랗게 빚어요.

7

체에 내린 노른자에 굴려 겉면에 노른자가 잘 붙게 살짝 눌러 줘요.

꼬마셰프 TIP!

주먹밥 모양으로 동글동글 빚는 게 쉬울 것 같지만 처음 해 보는 아이들은 어려울 수 있어요. 처음엔 잼잼하듯 주먹을 오므렸다 폈다 하며 빚어 보게 해 보세요.

COOKING

30

아보카도계란샌드위치

아보카도는 두뇌 발달과 뼈 성장에 도움이 될 뿐 아니라, 비타민과 식이섬유가 풍부해 아이들은 물론 어른들에게도 무척 좋은 과일이에요. 계란과 함께 샌드위치 속으로 넣으면 부드러운 식감과 담백한 맛이 더해져 맛의 풍미를 더해 줘요.

재료 3인분 기준 ⏰ 20분 내외 ★**난이도** ★☆☆

주재료 아보카도 1개, 계란 2개, 모닝빵 3개 | 소스 재료 마요네즈 2T, 올리고당(액상 알룰로스) 0.5T, 소금 약간

1

MOM'S HELP 끓는 물에 소금을 약간 넣고 계란을 13분 정도 삶은 뒤 찬물에 담가 주세요.

2-1

계란 껍질을 깐 뒤 으깨기로 잘게 으깨요.

2-2

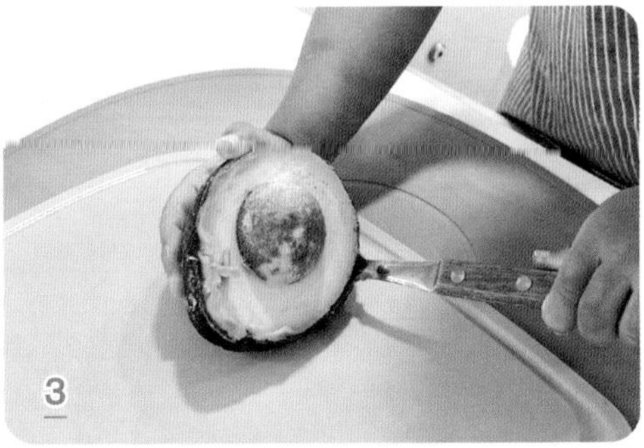

3

반으로 자른 아보카도는 과육과 껍질 사이에 숟가락을 넣어 돌려가며 껍질을 벗겨요.

4

볼에 아보카도를 넣고 으깨기로 으깨요.

5

소스 재료를 계량해 넣고 골고루 섞어요.

칼을 사용해 모닝빵을 반으로 가른 뒤 수저로 속을 채워요.

꼬마셰프 TIP!

초록색 아보카도를 상온에 2~3일 정도 두면서 까맣게 후숙되어 가는 과정을 아이와 함께 관찰해 보세요. 후숙된 아보카도 껍질을 직접 벗겨 보고, 커다란 씨앗도 탐색해 보며 식재료와 친해질 수 있도록 해 보세요.

아이가 30개월에 들어서면서부터는 조금씩 불을 사용하는 요리도 함께 해 보기 시작했어요. 확실히 불을 사용하게 되면 함께 만들 수 있는 요리가 많아져 훨씬 재미있어지거든요. 아이에 따라 무서워할 수 있으니 무리하게 시도하기보다는 엄마가 도와주면서 조금씩 경험할 수 있도록 해 주세요.

part

2

엄마와 함께하는 따뜻한 요리

COOKING

01

두부스크램블에그

부드러운 두부로 칼질 연습도 해 볼 수 있고, 계란 깨기도 해 볼 수 있어 아이가 처음 요리할 때 기본기를 익히기에 좋은 메뉴예요. 아이의 취향에 따라 치즈나 옥수수, 버섯 등 집에 있는 재료들을 다양하게 추가해도 좋아요.

재료 3인분 기준 ⏰ 20분 내외 ★ **난이도** ★★☆

주재료 두부 1/2모(150g), 계란 3개, 방울토마토 8개 | 양념 재료 우유 2T, 버터(무염) 1T, 소금 약간

* 가염 버터를 사용할 경우 소금을 넣지 않거나 양을 줄여 주세요.

방울토마토는 반으로 잘라요.

두부는 최대한 잘게 으깨듯이 잘라요.

볼에 계란을 넣고 우유와 소금을 넣어 잘 섞어요.

MOM'S HELP 팬에 버터를 넣고 버터가 녹으면 계란물과 두부, 방울토마토를 넣어 살짝만 볶아요.

계란을 완전히 익히지 않아야 부드러워요.

COOKING

02

돈가스

엄마가 혼자 만들기에도 다소 손이 많이 가는 메뉴지만 아이들과 놀이처럼 만들어 보기 좋아요. 넉넉히 만들어 냉동실에 얼려 두면 샌드위치 속으로 넣거나 덮밥으로도 활용할 수 있어요.

재료 3인분 기준 | 40분 내외 | ★ **난이도** ★★☆

주재료 돼지고기 등심 500g, 밀가루 1컵, 계란 2개, 빵가루 3컵, 튀김용 오일 적당량

* 돈가스 소스는 시판 소스를 사용하였습니다.

도마에 돼지고기를 펼치고 랩을 씌운 뒤 고기 망치로 두들겨요.

고기 망치가 아이에게 무거운 경우 밀대나 긴 봉으로 대체해 주세요.

고기에 소금과 후추를 약간 뿌려 밑간을 해요.

넓적한 접시 3개를 준비해 각각 밀가루, 계란, 빵가루를 부어요.

돼지고기에 밀가루, 계란, 빵가루 순서대로 묻혀요.

MOM'S HELP 팬에 기름을 적당량 두르고 앞뒤로 뒤집으며 노릇하게 튀겨 주세요.

꼬마셰프 TIP!

아이가 밀가루, 계란, 빵가루를 묻히는 과정에서 여기저기 묻히거나 장난칠 것이 걱정된다면, 바닥에 김장 매트나 놀이 매트를 깔아 주세요. 치우기가 수월해지면 훨씬 즐거운 마음으로 요리할 수 있을 거예요.

COOKING

03

동그랑땡

동그랑땡은 명절에나 먹는 번거롭고 거창한 음식 같지만 사실 재료만 다져 넣으면 되는 꽤 간단한 요리예요. 다양한 채소와 고기를 함께 섭취할 수 있어 아이들 영양 측면에서도 훌륭한 메뉴이기도 하답니다.

재료 3인분 기준 ⏰ 40분 내외 ★ **난이도** ★★★

주재료 돼지고기 다짐육 150g, 두부 반모(150g), 양파 1/4개, 애호박 1/4개, 당근 1/4개, 계란 2개

양념 재료 간장 1T, 다진 마늘 0.5T, 참기름 0.5T, 부침가루 2T(+부침용 2T) | (고기 밑간) 소금, 설탕 각 한 꼬집씩

볼에 다짐육을 넣고 소금과 설탕을 각각 한 꼬집씩 넣고 밑간을 해요.

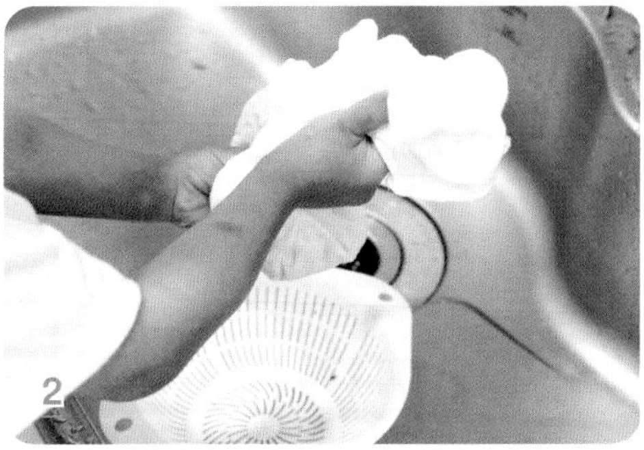

두부는 면보에 넣고 물기를 꼭 짜요.

양파, 애호박, 당근은 적당한 크기로 썰어 초퍼에 넣고 잘게 다져요.

볼에 다진 야채와 두부, 고기, 양념 재료를 넣고 잘 치대며 섞어요.

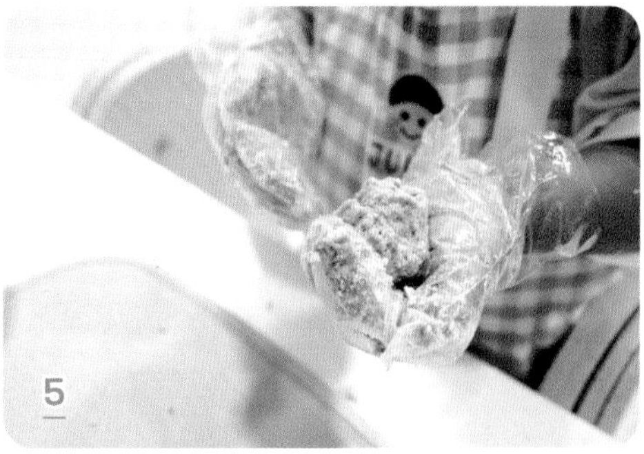

수저로 한 스푼씩 떼어 손바닥 위에 올린 후 양손을 비벼가며 동글동글 빚어요.

넓은 그릇에 부침가루를 체 쳐 넣고 그 위에 반죽을 굴려 가며 부침가루를 얇게 묻혀요.

그 위에 계란물을 묻혀요.

MOM'S HELP 기름 두른 팬에 올려 살짝 납작하게 눌러 준 뒤 앞뒤로 노릇하게 구워 주세요.

꼬마셰프 TIP!

다져진 재료들을 한데 섞어 치대는 과정부터 동글동글 빚는 것 역시 아이가 충분히 해 볼 수 있어요. 재료에 수분이 많으면 비닐장갑에 달라붙어 빚기가 어려울 수 있으니 부침가루로 농도를 적절히 조절해 주세요.

COOKING

04

콩나물소고기밥

콩나물밥은 채소에 고기까지 들어가 있어, 양념장만 조금 넣어 비벼 주면 다른 반찬이 필요 없어요. 준비도 간편하고 과정도 단순해서 아이와 처음 요리를 시작할 때 시도해 보기 좋아요.

재료 3인분 기준 ⏰ 20분 내외 ★ **난이도** ★★☆

주재료 쌀 2컵, 콩나물 300g, 소금 한 꼬집, 다짐육 150g, 표고버섯 2개 | (고기 밑간) 간장 0.5T, 맛술 1T, 다진 마늘 0.5T, 설탕(가루 알룰로스) 0.5T | (양념장) 부추 한 줌, 간장 4T, 매실액 1T, 올리고당(액상 알룰로스) 1T, 참기름 1T, 통깨 약간

MOM'S HELP 끓는 물에 콩나물을 넣고 뚜껑을 연 채로 5분 정도 삶은 뒤 콩나물만 건져 찬물에 헹궈 주세요.

콩나물 삶은 물은 식혀 두세요.

볼에 다짐육과 고기 밑간 재료를 넣고 조물조물한 뒤 잠시 재워 둬요.

MOM'S HELP 팬에 오일을 살짝 두르고 다짐육을 볶아 주세요.

밥솥에 씻은 쌀을 넣고 평소 밥물 양만큼 콩나물 삶은 물을 넣어요.

볶아 둔 고기와 슬라이스한 표고버섯을 올려 취사해요.

부추는 잘게 썰어 볼에 양념장 재료와 함께 넣고 섞어요.

완성된 밥에 삶은 콩나물을 넣고 섞은 뒤 양념장을 곁들여요.

꼬마셰프 TIP!

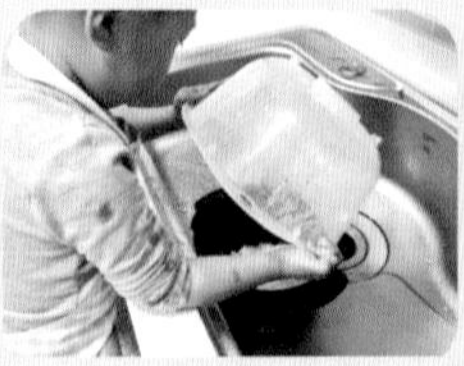

아이가 쌀 씻기부터 밥통을 이용해 밥을 짓는 것까지 직접 참여하게 해 보세요. 밥이 되어 가는 과정을 직접 경험해 보면 성취감에 밥도 더 맛있게 먹을 거예요.

COOKING

05

라따뚜이

재료 준비는 간단한 편이지만 파티 음식 못지 않은 화려한 비주얼로 아이들의 호기심을 자극해요. 오븐에 푹 익힌 야채는 고유의 풍미와 풍성한 채즙으로 야채를 싫어하는 아이들도 맛있게 먹을 수 있어요.

꼬마셰프 TIP!

가지, 애호박, 토마토는 구매할 때 가급적 굵기가 비슷한 걸로 골라야 서로 포개었을 때 예뻐요. 최대한 얇게 썰어 주세요.

재료 3인분 기준 40분 내외 ★ **난이도** ★★☆

주재료 가지 2개, 애호박 1개, 토마토 3개, 소금, 후추 약간씩, 올리브오일 1T, 파마산치즈가루 2T

소스 재료 버터 1T, 다진 마늘 1T, 양파 1/2개, 자투리 채소(가지, 애호박, 토마토) 약 200g, 토마토소스 200g, 물 1컵

1

가지, 애호박, 토마토는 깨끗이 씻어 비슷한 두께로 썰어요.

2

썰고 남은 자투리 채소와 양파는 작게 깍둑 썰어요.

3

MOM'S HELP 팬에 버터를 넣고 녹인 후 소스 재료를 넣고 뭉근하게 끓여 주세요.

4

내열 용기에 소스를 담은 뒤 썰어 둔 가지, 토마토, 애호박을 번갈아 가며 겹쳐 쌓아요.

5

재료들 위에 올리브유를 살짝 두른 뒤 소금, 후추와 파마산치즈가루를 뿌리고 에어프라이어 180도에서 20~25분간 구워요.

COOKING

06

애호박소시지전

애호박과 소시지를 모양 틀로 찍어 보고 또 찍어낸 조각을 서로 맞바꿔 끼워 보면서 마치 모양 맞추기 놀이하듯 재미있어했어요. 아직 소시지를 먹지 않는 아이들은 애호박 안에 다짐육으로 채워 넣어도 좋아요.

재료 3인분 기준 ⏰ 30분 내외 ★ **난이도** ★★☆

주재료 애호박 1개, 옛날 소시지 300g | 부재료 계란 2개, 밀가루(중력분) 반 컵, 감자전분 1/3컵, 소금 약간

애호박과 소시지는 약 1cm 두께로 썰어요.

애호박은 넓게 펼쳐 소금을 약간씩 뿌려요.

MOM'S HELP 모양 틀로 애호박과 소시지를 한 쌍씩 찍어 구멍을 내요.

찍혀 나온 모양을 서로 바꿔 끼워요.

5

밀가루에 전분을 섞은 뒤 넓은 접시에 체 친 후, 애호박과 소시지를 올리고 위에 밀가루와 전분을 다시 한번 체 쳐 내려요.

6

계란에 소금을 약간 넣고 잘 풀어 준 뒤 골고루 묻혀요.

7

MOM'S HELP 팬에 기름을 약간 두르고 약불에서 앞뒤로 노릇하게 구워 주세요.

꼬마셰프 TIP!

애호박과 소시지를 모양틀로 찍을 때, 너무 끝부분을 찍지 않도록 도와주세요. 너무 끝 쪽으로 찍으면 다른 조각을 끼우는 과정에서 찢어지기 쉽거든요.

COOKING

07

소고기알배추찜

부드럽게 찐 소고기와 알배추는 아이들에게 맛과 영양 두 가지 모두를 충족시켜 주는 아주 좋은 메뉴예요. 특히 야채를 싫어하거나 고기의 질긴 식감을 싫어하는 아이라면 이 요리를 함께 만들어 보는 걸 추천해요.

재료 3인분 기준 ⏰ 25분 내외 ★ **난이도** ★★☆

주재료 알배추 1/2포기, 소고기 목심 250g | 소스 재료 간장 2T, 식초 1T, 맛술 1T, 설탕(가루 알룰로스) 1T, 매실청 1T, 파프리카(빨강/노랑) 각 1/4개, 부추 약간

MOM'S HELP 깨끗이 씻은 알배추는 4등분 해 주세요.

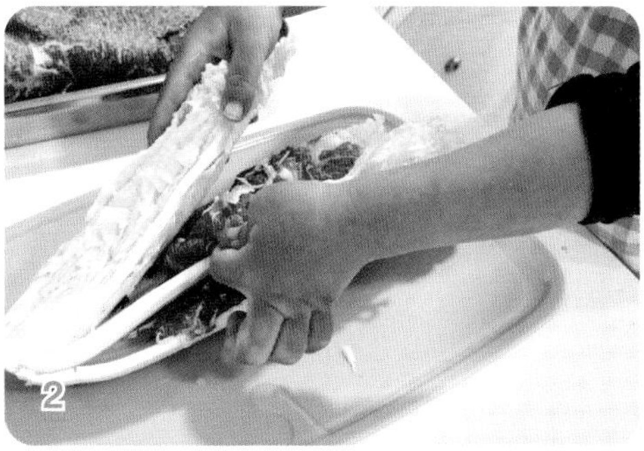

배추 사이사이에 소고기를 한 장씩 끼워 넣어요.

MOM'S HELP 김이 오른 찜기에 넣어 10분 정도 쪄요.

파프리카와 부추를 잘게 썰어 소스 재료와 섞은 후, 먹기 전에 끼얹어 드세요.

COOKING

08

꼬막무침

꼬막에는 핵산이 함유되어 있어 아이들 면역 체계 강화에 매우 좋아요. 아이와 함께 갓 쪄 낸 꼬막의 한쪽 껍질을 떼어 내면서 하나씩 맛보는 재미를 느껴 보세요.

꼬마셰프 TIP!

조개에 열을 가하면 입을 꼭 다물게 해 주는 패각근이라는 기관이 변성되어 자연스레 입이 벌어지게 돼요. 삶은 꼬막의 껍질을 직접 까 보면서 조개에 대해 알려 주어요.

재료 3인분 기준 ⏰ 30분 내외 ★ **난이도** ★★☆

주재료 해감된 꼬막 1kg, 빨강/노랑 파프리카 각 1/4씩, 부추 약간 | (양념장) 간장 2T, 매실액 2T, 식초 1T, 통깨 약간

MOM'S HELP 해감 후 깨끗이 씻은 꼬막을 끓는 물에 넣고 약불에서 2~3분 정도 정도 삶아 주세요.

입이 완전히 벌어지면 질겨질 수 있으니 입이 벌어지지 않았더라도 익었는지 확인 후 불에서 내려 주세요.

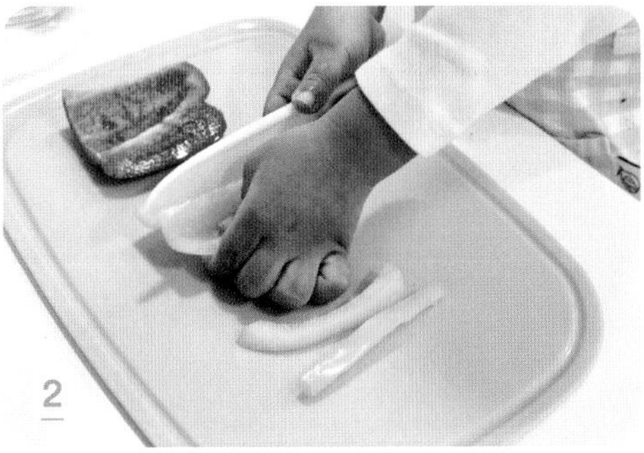

파프리카와 부추를 잘게 썰어요.

작은 볼에 양념 재료를 넣고 잘 섞어요.

접시에 꼬막 한쪽 껍질을 떼어 펼쳐요.

꼬막 위에 양념장을 조금씩 올려요.

***해감 방법**

① 물에 소금 1T를 넣고 녹여 소금물을 만들어 주세요.

② 꼬막과 쇠 수저를 넣은 후 검은 비닐을 씌워 2~3시간 정도 그대로 두세요.

③ 흐르는 물에 깨끗이 씻어 주세요.

COOKING

09

소고기초밥

엄마, 아빠가 생선 초밥이 당기는 날에도 아직 날생선을 먹지 못하는 아이 눈치 때문에 포기해 본 경험 없으신가요? 아이도 같이 먹을 수 있고 영양도 풍부한 구운 소고기로 초밥을 만들어 보세요.

재료 3인분 기준 ⏰ 25분 내외 ★**난이도** ★★☆

주재료 밥 1.5공기, 소고기(채끝살, 부채살 등) 300g, 양파 1/4개, 무순 약간 | 고기 소스 간장 1T, 맛술 2T

밥 양념 식초 1T, 설탕(가루 알룰로스) 1.5T, 소금 0.5T

*밥 양념은 한꺼번에 밥에 넣지 말고 조금씩 넣어 맛을 봐 가며 양을 조절해 주세요.

MOM'S HELP 팬에 고기 소스 재료를 넣고 약불에서 약간 걸쭉한 농도가 될 때까지 졸인 뒤 식혀 주세요.

MOM'S HELP 달군 팬에 소고기를 올리고 앞뒤로 노릇하게 구운 뒤 한입 크기로 잘라 주세요.

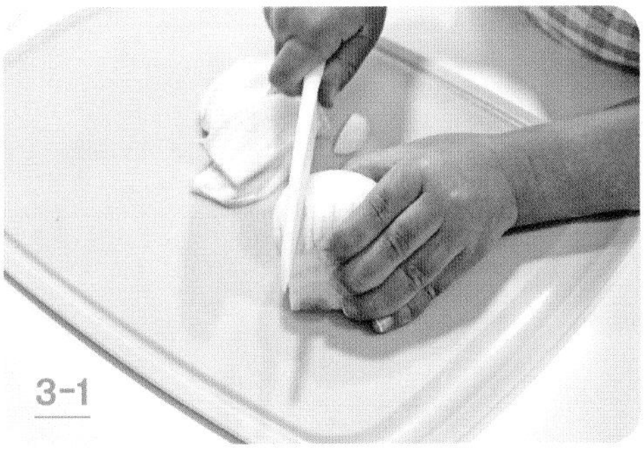

양파는 얇게 채 썬 후 물에 담가 매운맛을 빼요.

밥에 밥 양념 재료를 넣어 섞은 뒤 한입 크기로 뭉쳐요.

뭉쳐 놓은 밥 위에 소고기와 양파, 무순을 올리고 식혀 둔 고기 소스를 살짝 끼얹어요.

꼬마셰프 TIP!

아이가 밥을 일정한 양으로 뭉치기 어려운 경우, 작은 주먹밥 틀을 이용해 보세요. 밥에 참기름을 조금 넣어 섞은 뒤 틀에 담아 꾹 눌러 주면 틀에 잘 달라붙지 않아요.

COOKING

10

멘보샤

'멘보'는 빵, '샤'는 새우를 뜻하는 말로 빵 사이에 새우를 다져 넣어 튀긴 중국식 새우 샌드위치 튀김이에요. 기름에 튀기는 대신 에어프라이어를 활용하면 손쉽게 만들 수 있어요.

재료 3인분 기준(8개 분량) ⏰ 30분 내외 ★ **난이도** ★★☆

주재료 냉동 새우 15마리, 식빵 4장 | **양념 재료** 계란 흰자 1개, 전분가루 3T, 올리브유 1T, 소금 약간

냉동 새우는 흐르는 물에 한번 헹궈 체에 받쳐 잠시 해동해요.

계란은 흰자를 분리해요.

초퍼에 해동한 새우와 양념 재료를 모두 넣고 잘게 다져요.

식빵은 테두리를 자른 후 4등분해요.

자른 식빵 조각 위에 새우 반죽을 올리고 다른 식빵 조각으로 위를 덮어요.

5-2

6

MOM'S HELP 팬에 기름을 약간 두르고 약불에서 앞뒤로 노릇하게 구워 주세요.

꼬마셰프 TIP!

식빵을 동그라미, 세모, 별 모양 등 다양한 모양으로 만들어 보세요. 자투리 식빵은 한데 모아 초퍼로 갈아서 냉동실에 얼려 두었다가 빵가루로 활용하면 좋아요.

COOKING 11

들깨수제비

들깨는 비타민이 풍부할 뿐 아니라, 기관지와 감기에도 좋은 식재료라 수제비에는 꼭 넣어 먹곤 해요. 수제비 반죽이 번거롭게 느껴질 수 있지만 아이들과 함께 조물조물 놀이하듯 만들다 보면 생각보다 금세 완성돼요.

재료 3인분 기준 | 30분 내외(+반죽 숙성시간 1시간) ★ **난이도** ★★☆

주재료 수제비 반죽, 감자 1개, 애호박 1/4개, 양파 1/4개, 대파 1/2대, 당근 약간, 표고버섯 1개

양념 재료 국간장 1T, 참치액 1T, 소금 0.5T, 들깨가루 1~2T (육수 재료) 물 2L, 육수팩 1개(또는 코인육수 3~4개)

(수제비 반죽) 밀가루(중력분) 300g, 들깨가루 1T, 물 180ml, 소금 1T

1

볼에 밀가루와 들깨가루를 넣고 물에 소금을 1T 녹여 부은 후 주걱으로 뭉쳐요.

2

손에 식용유를 약간 발라 치대면서 한 덩어리로 뭉쳐 주세요.

3

뭉친 반죽은 비닐에 넣어 1시간 이상 숙성시켜요.

4

MOM'S HELP 감자와 애호박은 한입 크기로 썰고, 양파와 당근, 표고버섯은 채 썬 뒤 대파도 적당한 크기로 썰어 주세요.

5

숙성된 반죽에 오일을 조금씩 묻혀 가며 얇게 뜯어 도마 위에 펼쳐 주세요.

6

MOM'S HELP 냄비에 육수 재료를 넣고 끓어오르면 감자와 양파, 표고버섯을 넣어 주세요.

7

떼어 낸 반죽을 냄비에 넣고 애호박과 당근, 파를 넣어 주세요.

아이가 반죽 떼기와 냄비에 넣기가 익숙해지면 반죽을 바로 뜯어 냄비에 넣어 보는 것도 시도해 보세요.

8

수제비가 떠오르면 기호에 따라 들깨가루와 소금을 약간 넣어 주세요.

꼬마셰프 TIP!

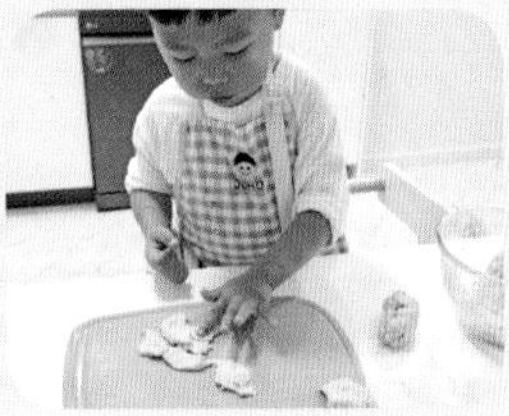

수제비 반죽을 냄비에 직접 떼어 넣는 건 위험할 수 있어, 도마 위에 한 조각씩 떼어 두게 했더니, 조각들을 모아 공룡이라고 하더라고요. 클레이처럼 조물조물 반죽 놀이로 즐겨 보세요.

COOKING

12

옥수수고구마만두

달콤한 옥수수와 고구마는 대부분의 아이들이 좋아하는 식재료라 간식으로 활용하기 정말 좋은 메뉴예요. 닭가슴살을 썰어 넣으면 식사 대용으로 먹기에도 좋답니다.

재료 3인분 기준(12개 분량) 30분 내외 ★ **난이도** ★★☆

주재료 구운 고구마 2개(약 150g), 스위트콘 100g, 만두피 12개, 모차렐라치즈 1/2컵

양념 재료 마요네즈 1T, 올리고당(액상 알룰로스) 1T

구운 고구마는 껍질을 깐 후 볼에 넣어 으깨요.

스위트콘을 체에 받쳐 물기를 털어 낸 후 볼에 넣어요.

모차렐라치즈, 올리고당, 마요네즈를 넣어 잘 섞어요.

만두피에 속을 한 스푼씩 넣고 가장자리에 물을 묻혀 반으로 접어요.

포크로 가장자리를 눌러요.

MOM'S HELP 기름 두른 팬에 노릇하게 구워 주세요.

꼬마셰프 TIP!

속을 넣은 만두피를 반으로 접어 끝을 꾹꾹 눌러 붙이는 과정은 처음하는 어른들도 하기 쉽지 않아요. 반복해서 알려 주면 나중에는 정말 예쁜 반달 모양으로 빚기도 하더라고요. 아이가 충분히 해 볼 수 있게 기회를 줘 보세요.

COOKING

13

감자치즈볼

겉은 바삭하고 속은 부드러운 감자 크로켓에 치즈를 넣어 만든 요리예요. 감자 대신 고구마나 단호박으로 만들어도 잘 어울려요.

재료 3인분 기준 | 30분 내외 | **난이도** ★★☆

주재료 감자 2개(약 300g), 보코치니치즈 12알 (또는 모차렐라치즈 1/2컵), 찹쌀가루 2T

부재료 밀가루 1/2컵, 계란 2개, 빵가루 1컵, 버터 1조각(10g), 소금 약간

MOM'S HELP 감자는 깨끗이 씻어 껍질을 깐 후 3~4조각으로 잘라 냄비에 넣고, 감자가 잠길 정도로 물을 부은 뒤 소금 1T, 설탕 1T를 넣어 20~30분간 삶아 주세요.

감자가 뜨거울 때 버터를 넣고 으깨기로 으깬 후 찹쌀가루와 소금을 넣고 잘 섞어요.

반죽을 한 덩이씩 떼어 치즈를 조금씩 넣고 동그랗게 빚어요.

밀가루, 계란, 빵가루 순으로 골고루 묻혀요.

 팬에 기름을 자작하게 두른 뒤 굴려 가며 노릇하게 튀겨 주세요.

꼬마셰프 TIP!

감자 반죽은 쉽게 으깨지기 때문에 잘게 갈려 나온 슈레드 모차렐라치즈는 넣고 감싸기 어려울 수 있어요. 동그란 보코치니치즈나 스트링치즈를 잘라 사용하면 편해요.

COOKING 14

단호박에그슬럿

껍질째 먹을 수 있는 미니 단호박은 일반 단호박보다 당도가 높고 식감이 밤처럼 부드러워 아이들이 먹기에도 좋아요. 일반 단호박으로 해도 맛있지만 여름에는 미니 단호박을 활용해 보세요.

재료 3인분 기준 ⏰ 20분 내외 ★ **난이도** ★☆☆

주재료 단호박 1개, 계란 1개, 모차렐라치즈 약간 | 부재료 햄(또는 베이컨) 2줄, 슬라이스치즈 1장, 소금 약간, 파슬리가루 약간

단호박은 베이킹소다로 문질러 껍질 사이사이까지 깨끗이 세척해요.

MOM'S HELP 접시에 올려 전자레인지에 약 2분간 돌린 뒤 윗부분을 잘라 주세요.

작은 수저로 안에 씨를 모두 파내요.

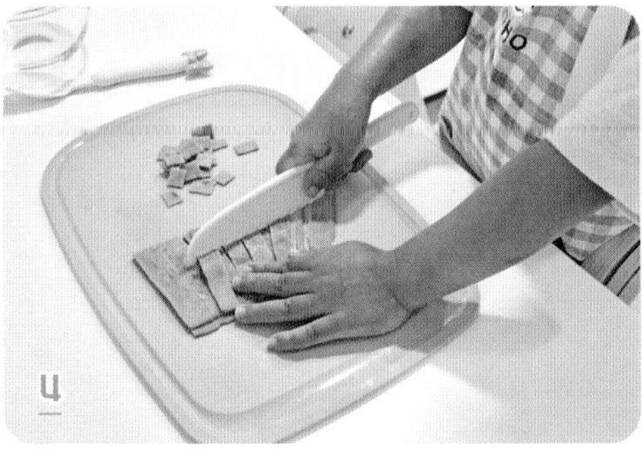

햄 또는 베이컨을 잘게 썰어요.

단호박 속에 계란을 깨서 넣고 포크로 노른자를 콕콕 찔러요.

계란 위에 햄과 모차렐라치즈를 올려요.

7

맨 위에 슬라이스 치즈로 덮고 파슬리가루를 약간 뿌린 후 전자레인지에 3~4분간 돌려요.

꼬마셰프 TIP!

단호박 윗면에 낸 구멍 안에 계란을 깨 넣는 건 어려울 수 있어요. 이럴 때는 먼저 계량컵에 계란을 깨서 넣은 후, 단호박 안에 부으면 흘리지 않고 쉽게 넣을 수 있어요.

COOKING

15

단호박그라탕

단호박만 있으면 냉장고 속 재료를 다양하게 넣어 만들 수 있는, 간단하지만 근사한 그라탕 요리예요. 아이의 취향에 따라 토마토 소스 대신 크림 소스를 넣어도 정말 부드럽고 맛있어요.

재료 3인분 기준 ⏰ 30분 내외 ★ **난이도** ★☆☆

주재료 단호박 1개, 모차렐라치즈 1컵, 토마토 소스 5T, 올리고당(액상 알룰로스) 1T

부재료 햄(또는 소시지) 3~4장, 양파 1/4개, 파프리카(빨강, 노랑) 각 1/4개씩

1

단호박은 베이킹소다로 문질러 깨끗이 씻어요.

2

MOM'S HELP 접시에 담아 전자레인지에 약 2분 정도 돌린 뒤 4등분으로 잘라 주세요. 1/4조각은 반달 모양으로 슬라이스해 주세요.

3

MOM'S HELP 나머지 3/4조각은 껍질을 깎아 전자레인지에 3~4분 정도 더 익혀 주세요.

4

접시에 추가로 익힌 단호박을 넣고 으깬 후 올리고당을 넣어 섞어요.

5

햄, 파프리카, 양파는 잘게 썰어요

6

접시에 으깬 단호박을 깔고 토마토 소스를 골고루 발라요.

썰어 둔 햄과 야채를 올린 후 모차렐라치즈를 올려요.

반달 모양으로 썰어 둔 단호박을 올리고 에어프라이어 200도에서 10~12분 정도 구워요.

꼬마셰프 TIP!

단호박 그라탕 재료를 그대로 토르티야에 올리면 근사한 단호박 피자를 만들 수 있어요. 그라탕과 동일한 순서로 재료를 올리되, 양파와 파프리카는 팬에 오일을 두르고 살짝 볶아서 올려 주세요. 180도로 예열한 오븐에서 10~12분(치즈가 녹을 때까지) 정도 구워 주세요.

COOKING

16

새우파인애플볶음밥

보통 볶음밥 하면 팬에 볶아서 만드는 요리를 떠올리지만 아이와 함께 만들기 위해 에어프라이어로 만들어 보았어요. 평소 자주 해 먹는 볶음밥 재료가 있다면 한꺼번에 섞어서 에어프라이어에 넣고 익혀 다양하게 응용해 보세요.

재료 3인분 기준 ⏰ 30분 내외 ★ **난이도** ★☆☆

주재료 밥 2공기, 파인애플 140g, 냉동 새우 10마리, 햄 또는 소시지 80g, 당근 1/3개, 대파 2T, 계란 2개

양념 재료 굴소스 0.5T, 소금 약간

냉동 상태의 새우는 물에 한번 헹군 뒤 체에 받쳐 잠시 해동해요.

파인애플은 한입 크기로 깍둑 썰어요.

햄 또는 소시지는 적당한 크기로 썰고, 초퍼에 당근, 대파를 넣고 잘게 다져요.

MOM'S HELP 오일 두른 팬에 새우를 넣고 소금, 후추를 약간씩 뿌려 앞뒤로 살짝씩 구워 주세요.

에어프라이어에 한 번 더 구울 거니 완전히 익힐 필요는 없어요.

작은 볼에 계란을 깨 넣고 양념 재료를 넣은 뒤 섞어요.

큰 볼에 준비한 재료를 모두 넣고 밥을 넣어 잘 비벼요.

7

에어프라이어 트레이에 오일을 살짝 뿌려요.

8

재료를 펼쳐 넣고 180도로 10분간 굽고 한 번 뒤집어서 5분 더 구워요.

꼬마셰프 TIP!

각각의 재료를 넓은 볼에 옮겨 담는 과정에서 흘리지 않고 쏟아붓거나 주걱으로 퍼 옮기는 연습을 할 수 있어요. 반복적으로 하다 보면 놀랍도록 아이의 조절력이 발달하는 걸 느끼실 수 있을 거예요.

COOKING

17

무화과피자

빵 대신 토르티야를 이용하면 씬피자처럼 토핑의 맛을 극대화시킬 수 있어요. 무화과 대신 딸기나 블루베리, 파인애플, 복숭아 등 집에 있는 과일로 다양하게 대체해서 만들어 보세요.

재료 3인분 기준(지름 15cm 토르티야 3장 기준) ⏰ 25분 내외 ★ **난이도** ★☆☆

주재료 토르티야 3장, 무화과 3~4개, 어린잎 채소 한 줌, 모차렐라치즈 1컵, 리코타치즈 2T, 올리고당(액상 알룰로스) 1T | 소스 재료 발사믹 글레이즈 약간, 파마산치즈가루 약간

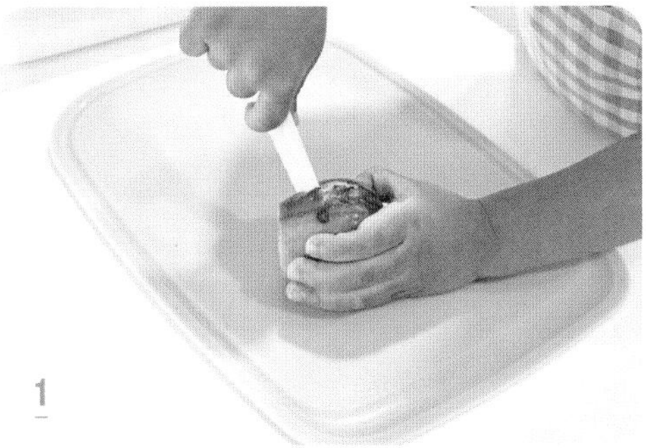

1

깨끗이 씻은 무화과는 꼭지를 잘라낸 후 12등분으로 잘라요.

먼저 4등분한 후 또 다시 3등분으로 잘라요.

2

토르티야에 알룰로스 또는 꿀을 펴 발라요.

3

그 위에 모차렐라치즈를 골고루 올려 주세요.

4

180도로 예열한 오븐에서 5~6분 정도(치즈가 녹을 때까지) 구워요.

5-1

5-2

토르티야에 어린잎 채소와 무화과를 올린 후 군데군데 리코타치즈를 조금씩 올려요.

발사믹 글레이즈를 뿌리고 파마산치즈가루를 살살 뿌려요.

꼬마셰프 TIP!

야채를 좋아하지 않는 아이들이라면 토르티야를 김밥 말듯 돌돌 말아 야채를 살짝 감춰 보세요. 의외로 눈에 보이는 채소를 무조건 거부하던 아이들도 막상 먹어 보면 맛있다고 느낄지도 몰라요.

COOKING 18

간장비빔당면

보통 비빔당면은 양념에 고춧가루가 들어가 아이와 함께 먹기가 어려웠는데, 간장 양념으로 만드니 어른도 아이도 정말 맛있게 먹을 수 있었어요. 시금치나 당근 등 아이가 좋아하는 채소가 있다면 살짝 데쳐 같이 넣어도 좋아요.

재료 3인분 기준 ⏰ 20분 내외 ★ **난이도** ★☆☆

주재료 불린 당면 200g, 사각 어묵 4장, 계란 3개 | 양념 재료 간장 3T, 설탕(가루 알룰로스) 1T, 올리고당(액상 알룰로스) 1T, 참기름 1T, 통깨 약간 *당면은 1시간 전에 물에 담가 불려 주세요.

MOM'S HELP 팬에 기름을 살짝 두르고 계란물을 부어 얇게 지단을 부쳐 주세요.

MOM'S HELP 어묵은 뜨거운 물을 부어 기름기를 빼 주세요.

MOM'S HELP 불려 둔 당면을 끓는 물에 넣고 2분간 삶은 뒤 찬물에 헹궈 주세요.

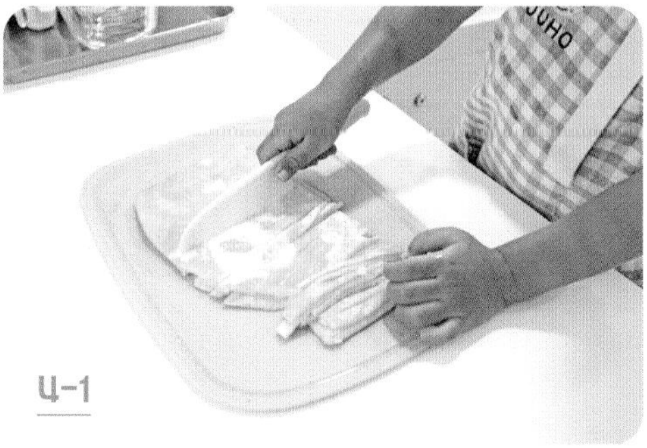

지단과 어묵은 얇게 채 썰어요.

작은 볼에 양념장 재료를 넣고 잘 섞어요.

큰 볼에 당면을 넣고 준비한 재료와 양념장을 넣어 버무려요.

꼬마셰프 TIP!

조리 전의 딱딱한 당면과 삶은 후 투명하고 말랑해진 당면을 직접 만져 보게 해 주면 자연스레 당면의 성질을 이해할 수 있어요.

COOKING

19

오트밀치킨텐더

오트밀은 식이 섬유가 풍부하고, 비타민과 철분이 다량 함유되어 있어 아이들의 뼈 강화와 면역력 강화에도 아주 좋아요. 기름에 튀기는 게 번거로워 에어프라이어에 구웠는데 오히려 느끼하지 않고 담백해서 좋았어요.

재료 3인분 기준 ⏰ 25분 내외 ★ 난이도 ★★☆

주재료 닭안심 350g, 오트밀가루(고운 입자) 50g, 계란 2개, 오트밀가루(큰 입자) 100g, 올리브유 약간
레몬마요소스 마요네즈 3T, 레몬즙 0.5T, 올리고당(액상 알룰로스) 1T, 소금 약간 | (고기 밑간) 소금, 후춧가루 약간씩

* 고운 입자 오트밀가루는 큰 입자를 믹서기에 곱게 갈아서 사용하시면 됩니다. 아이가 먹기에 큰 입자의 식감이 너무 거칠 경우 적당한 크기로 갈아서 사용하세요.

1-1

1-2

닭안심살에 소금, 후춧가루를 약간씩 뿌려 밑간을 해요.

2-1

2-2

각각 다른 접시에 고운 오트밀가루, 계란물, 입자 큰 오트밀가루를 붓고 순서대로 골고루 묻혀요.

2-3

3

에어프라이어 팬에 닭안심살을 넓게 펼친 후 올리브 오일을 약간 뿌려 180도에서 앞뒤로 10분씩 구워요.

작은 볼에 소스 재료를 모두 넣어 잘 섞어요.

꼬마셰프 TIP!

가루를 묻힐 때 비닐 팩에 오트밀가루를 넣고 닭 안심살을 넣어 흔들면 손에 묻히지 않고도 쉽게 묻힐 수 있어요.

COOKING

20

시금치키쉬

키쉬(quiche)는 프랑스 로렌 지방에서 유래된 대표적인 프랑스 가정식이에요. 바삭한 파이지에 부드러운 계란과 생크림이 어우러져 어떤 재료와도 잘 어울리니 냉장고 속 재료를 다양하게 응용해서 넣어 보세요.

재료 (18cm 파이 틀 1개 기준) ⏰ 40분 내외 ★ **난이도** ★★☆

주재료 시금치 150g, 양파 1/4개, 베이컨 3줄, 방울토마토 4~5알, 타르트쉘 1개 | (계란물) 계란 3개, 생크림 120ml, 파마산치즈가루 1T   * 타르트쉘 만드는 법은 P.178을 참고하세요.

방울토마토는 반으로 잘라요.

시금치는 팬에 살짝 볶고, 양파와 베이컨도 적당한 크기로 썰어 살짝 볶아요.

볼에 계란물 재료를 모두 넣고 잘 섞어요.

구워진 타르트쉘에 베이컨, 시금치, 방울토마토를 올리고 계란물을 부어요.

MOM'S HELP 190도 오븐에서 20분간 구워 주세요.

꼬마셰프 TIP!

타르트쉘이 없는 경우 토르티야를 활용해 보세요. 용기 크기에 따라 토르티야를 2~3장 겹쳐 넣고 내용물은 똑같이 넣어 구워 주시면 돼요(170도 15~20분).

타르트쉘 만들기

재료 박력분 120g, 무염버터 60g, 슈가 파우더 50g, 계란 20g, 소금 1g

1-1

1-2

MOM'S HELP 초퍼에 재료를 모두 넣고 버터가 작은 알갱이 정도 크기가 될 때까지 다져요.

초퍼가 없는 경우, 버터를 스크래퍼로 팥알만 하게 자른 후 볼에 넣고 그 외 재료를 넣어 스크래퍼로 가르듯 가볍게 섞어 한 덩어리로 만들어 주세요.

2

볼에 옮겨 담아 손으로 꾹꾹 눌러가며 한 덩어리로 뭉쳐요.

3

덩어리로 뭉친 반죽은 지퍼백에 넣고 밀대를 이용해 약 0.3cm 정도 두께로 밀어 냉장실에서 2시간 정도 휴지시켜요.

휴지한 반죽은 밀가루를 살짝 뿌려 밀대로 밀어요.

반죽을 파이 틀에 올리고 손으로 눌러가며 밀착시켜요.

포크로 바닥을 찔러 구멍을 내 주세요.

틀 위에 유산지를 깔고 누름돌을 넣어 180도로 예열된 오븐에서 10분간 구워 준 뒤, 누름돌을 빼고 다시 10분간 추가로 구워 주세요.

누름돌이 없는 경우, 콩이나 오래된 쌀 등을 올려 주시면 됩니다.

아이가 커갈수록 다양한 음식의 맛을 경험하게 되면서
간식에 대한 욕구도 커지는 것 같아요. 요즘은 아이와 카페 데이트를 즐기는 경우가 많아서
디저트에 대한 관심도 많아지는 것 같고요.
집에서도 아이와 함께, 사 먹는 디저트 못지않은 맛있는 디저트를 만들어 볼까요?

part

3

영양만점 간식 만들기

COOKING

01

계란빵

반죽 재료를 직접 배합해 만들 수도 있지만 핫케이크가루로도 충분히 맛있는 계란빵을 만들 수 있어요. 베이컨 대신 햄이나 소시지를 올려도 좋고 아이의 취향에 따라 스위트콘을 올려도 정말 잘 어울려요.

꼬마셰프 TIP!

아이들이 머핀 틀에 쏙 들어가게 계란을 깨는 건 어려울 수 있어요. 계량컵이나 그릇에 계란을 깬 다음 틀에 옮기면 편해요.

재료 6개 기준 | 30분 내외 | 난이도 ★★☆

주재료 계란 6개, 베이컨 2줄, 모차렐라치즈 3T, 파슬리가루 약간 | 반죽 핫케이크가루 120g, 우유 60g, 계란 1개

볼에 반죽 재료를 모두 넣고 잘 섞어요.

베이컨은 얇게 썰어요.

머핀 틀에 반죽을 1T 정도 넣어요.

계란을 하나씩 깨 넣은 후 베이컨과 모차렐라치즈를 올려요.

MOM'S HELP 파슬리가루를 약간씩 뿌려 180도로 예열한 오븐에서 20분간 구워 주세요.

COOKING

02

에그토스트

한때 줄 서서 먹을 정도로 인기였던 에그드랍 샌드위치를 아이와 함께 먹을 수 있는 버전으로 만들어 보았어요. 아이와 함께 만들어 온 가족 브런치로 즐겨 보세요.

재료 3개 기준 · 30분 내외 · 난이도 ★★★

주재료 미니 통식빵 3개, 계란 1개, 슬라이스 햄 2장, 슬라이스치즈 1.5장, 버터 약간, 파슬리 가루 약간, 우유 1T
소스 재료 마요네즈 1.5T, 연유 1.5T

1 팬에 버터를 넣고 미니 통식빵을 올려 4면을 돌려 가며 노릇하게 구워요.

2 슬라이스 햄도 앞뒤로 노릇하게 구워요.

3 볼에 계란을 깨서 넣고 우유를 넣어 잘 섞어요.

4 팬에 버터를 약간 넣고 계란물을 넣어 스크램블 해요.

5 볼에 소스 재료를 넣고 섞어요.

6 미니 통식빵의 가운데 부분을 2/3 정도까지만 칼집을 내요.

식빵 안쪽에 소스를 골고루 바르고 치즈, 햄, 스크램블 에그를 넣어요.

남은 소스를 위에 약간씩 뿌린 뒤 파슬리가루를 살짝 뿌려요.

꼬마셰프 TIP!

주호는 30개월에 진입할 때쯤, 처음 불을 사용해 보았어요. 물론 엄마의 주도 하에 안전하게 해 볼 수 있는 정도로요. 팬에 식빵을 올리거나, 계란물을 붓고 스크램블하는 정도는 어렵지 않게 할 수 있었어요. 불이 세거나 기름이 많이 들어가는 요리는 기름이 튈 수 있으니 안전하고 간단한 요리부터 함께 시작해 보세요.

COOKING

03

두부당근도넛

조금 생소한 듯 하지만 두부와 당근 맛이 많이 나지 않으면서도 은은한 단맛이 올라와 정말 맛있어요. 동그랗게 빚은 도넛 가운데에 손가락을 끼워 만들면 쉽게 도넛 모양을 만들 수 있어요. 기름에 튀기는 게 부담스럽다면 오븐이나 에어프라이어에 구워도 좋아요(170도 20분 정도).

재료 3인분 기준 35분 내외 **난이도** ★★★

주재료 두부 1모(300g), 당근 1/2개(약 130g), 핫케이크가루 300g, 튀김용 기름(정제 올리브유 사용) 1컵

*반죽용 우유 약간(필요시에만 사용)

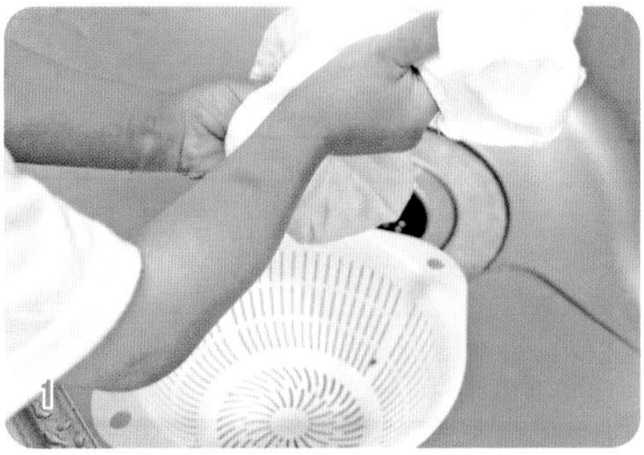

두부는 면보에 싸서 물기를 꼭 짜요.

MOM'S HELP 당근은 껍질을 깎은 뒤 강판에 갈아 주세요.

강판에 가는 게 힘들 경우 다지기를 사용하셔도 됩니다.

볼에 핫케이크가루를 넣고 두부와 당근을 넣어 한 덩어리로 뭉쳐지게 섞어요.

수분이 부족해 잘 뭉쳐지지 않을 경우 우유를 1T씩 넣어 가며 뭉쳐요.

반죽을 한 덩이씩 떼어 동그랗게 모양을 만들어요.

MOM'S HELP 팬에 기름을 넉넉히 두른 뒤 도넛을 넣고 굴려가며 노릇하게 튀겨 주세요.

COOKING

04

오트밀바나나머핀

오트밀에는 성장기 아이들의 발육을 촉진하는 필수 아미노산과 칼슘이 많이 함유되어 있어요. 밀가루와 버터를 넣지 않아 이유식 단계에 있는 아기들도 먹을 수 있어요. 바나나가 들어가서 반죽이 약간 찐득한 편이라 수저로 떠 넣기가 어려울 수 있어요. 이럴 때는 짤주머니를 활용하면 좋아요.

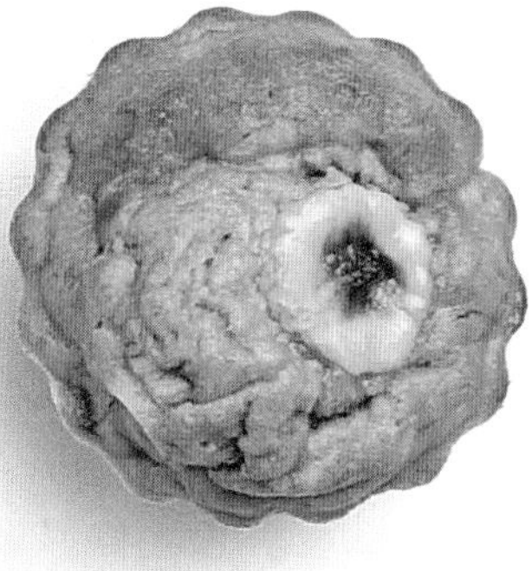

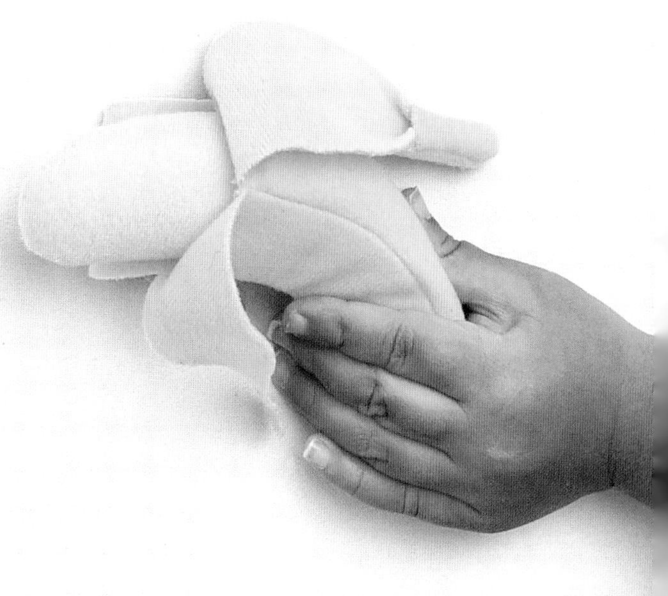

재료 6개 기준 ⏰ 30분 내외 ★ **난이도** ★★☆

주재료 바나나 2개, 계란 1개, 우유 80ml, 메이플시럽 1T, 소금 약간, 오트밀가루 60g, 아몬드가루 40g(오트밀가루 100g으로 대체 가능), 베이킹파우더 4g, 시나몬파우더 약간 | 토핑 재료 바나나 1/2개

1

볼에 바나나를 넣고 으깨요.

2

계란과 우유, 메이플 시럽을 넣고 잘 섞어요.

3

오트밀가루와 아몬드가루, 베이킹파우더, 시나몬 파우더를 한꺼번에 체 쳐 넣어요.

4

MOM'S HELP 머핀 틀에 반죽을 80% 정도만 부어요.

실리콘 머핀 틀이나 유산지를 사용하지 않는 경우, 머핀 틀에 오일을 발라 주세요.

5

토핑용 바나나를 슬라이스해 한 조각씩 올려요.

6

MOM'S HELP 180도로 예열한 오븐에서 25~30분간 구워 주세요.

젓가락으로 반죽의 중간 부분을 찔렀을 때 반죽이 묻어나지 않을 때까지 시간을 조절해서 구워 주세요.

COOKING

05

블루베리요거트머핀

블루베리는 세계 10대 슈퍼푸드로 알려져 있는 만큼 맛도 영양도 훌륭한 과일이에요. 생 블루베리를 구하기 어렵다면 냉동 블루베리를 사용해도 좋아요. 언제든지 구하기 쉬울 뿐 아니라 안토시아닌과 비타민 함량이 오히려 더 높다고 해요.

재료 6개 기준 35분 내외 ★ **난이도** ★★☆

주재료 플레인요거트 100g, (실온)계란 2개, 녹인 무염버터 30g, 바닐라 익스트랙 약간(생략 가능), 아몬드가루 200g, 설탕 100g, 베이킹파우더 4g, 소금 한 꼬집, 블루베리 120g

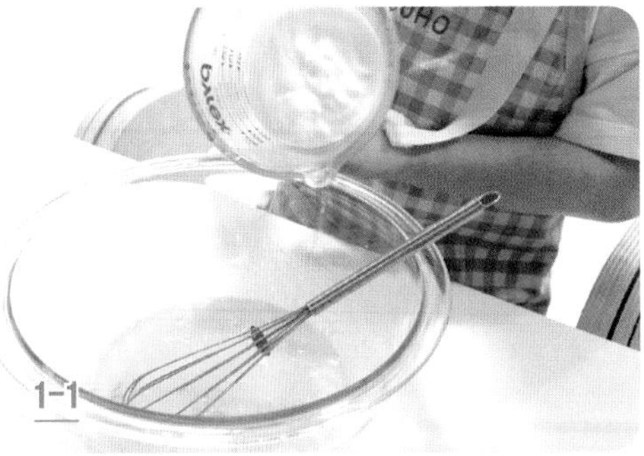

볼에 계란과 플레인요거트, 녹인 버터, 바닐라 익스트랙(생략 가능)을 넣고 잘 섞어요.

설탕을 넣고 잘 섞어요.

아몬드가루와 베이킹파우더, 소금을 한꺼번에 체쳐 넣고 잘 섞어요.

블루베리를 넣고 섞어요.

머핀 틀에 반죽을 70~80% 정도 채운 뒤 토핑용 블루베리를 적당히 올려요.

6

160도로 예열한 오븐에서 20~25분 정도 구워요.

꼬마셰프 TIP!

베이킹을 할 때는 가루 재료를 체에 쳐서 넣어 주는 게 중요해요. 특히 아몬드가루는 잘 뭉치는 특성이 있기 때문에 사용하기 전에 꼭 체에 쳐서 사용하세요.

COOKING

06

콘치즈스콘

아이와 어른 모두가 좋아하는 콘치즈샐러드를 건강한 스콘 반죽에 올려 구웠어요. 컵 모양으로 구운 스콘은 냉동 보관해 두면 필요할 때 다양하게 속을 채워 바로 구워 먹을 수 있어 좋아요.

재료 6개 기준　　⏰ 35분 내외　**난이도** ★★☆

주재료 오트밀가루 70g, 아몬드가루30g, 베이킹파우더 3g, 계란 1개, 우유 1T, 오일 20g , 올리고당(액상 알룰로스) 1T, 설탕 1T, 소금 약간 | 콘치즈 필링 스위트콘 1캔(160g), 모차렐라치즈 80g, 마요네즈 4T, 소금 약간

1

볼에 오트밀가루와 아몬드가루, 베이킹파우더, 설탕, 소금을 한꺼번에 체 쳐 넣어요.

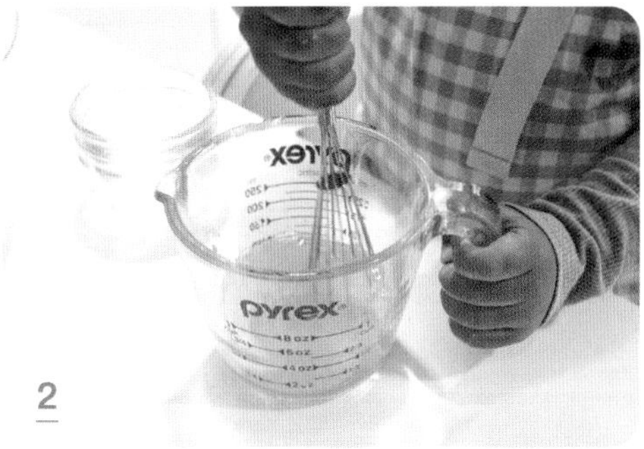

2

다른 볼에 계란, 우유, 오일, 알룰로스(또는 올리고당)을 넣고 잘 섞어요.

3

계란물을 가루 재료에 넣어 주걱으로 적당히 섞은 후 비닐장갑을 끼고 한 덩어리로 뭉쳐요.

4

비닐팩에 넣고 냉장실에서 30분 정도 휴지시켜요.

5

스위트콘은 체에 받친 뒤 키친타월로 물기를 한 번 더 제거해요.

6

볼에 필링 재료를 모두 넣고 섞어 주세요.

7

스콘 반죽을 6등분으로 나누고 머핀 틀에 꾹꾹 눌러 붙여 컵 모양으로 만들어 주세요.

8

반죽 안에 필링을 가득 넣어 주세요.

9

MOM'S HELP 180도로 예열한 오븐에서 20분간 구워 주세요.

꼬마셰프 TIP!

스콘 반죽을 한 덩이씩 떼어 머핀틀에 붙일 때, 수분이 부족해 반죽이 갈라질 경우 우유를 약간씩 묻혀 주세요.

COOKING

07

밥솥당근케이크

당근케이크를 드셔 보신 분들이라면 생각보다 당근 특유의 맛과 향은 많이 느껴지지 않는다는 걸 아실 거예요. 은은한 시나몬 향과 크림치즈의 조합으로 당근을 싫어하는 아이들도 정말 맛있게 먹을 수 있어요.

재료 6인용 밥솥 1개 기준 80분 내외 **난이도** ★★☆

주재료 핫케이크가루 400g, 당근 150g, 계란 3개, 우유 120ml, 오일 35g, 소금 약간, 시나몬파우더 약간, 견과류 40g
(크림치즈 프로스팅) 크림치즈 250g, 플레인요거트 100g, 설탕 35g | (토핑 재료) 채 썬 당근 약간, 다진 견과류 약간, 타임 약간(생략 가능)

MOM'S HELP 견과류는 팬에 살짝 볶아 초퍼에 넣고 잘게 다져 주세요.

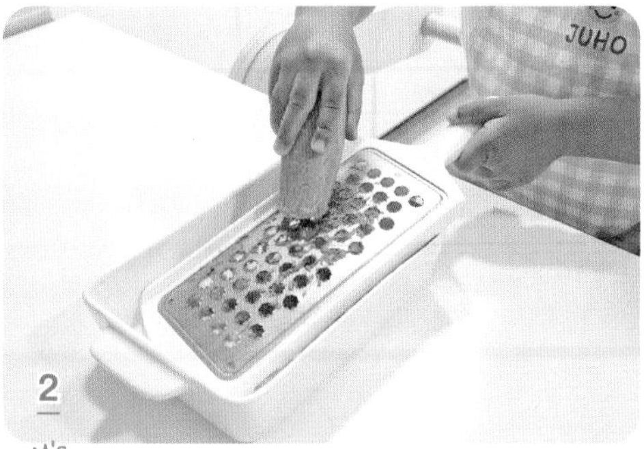

MOM'S HELP 당근은 강판에 갈거나 초퍼에 넣고 잘게 다져 주세요.

볼에 계란을 넣고 잘 풀어준 뒤 우유와 오일을 넣고 섞어요.

갈아 둔 당근과 다진 견과류를 넣고 섞어요.

핫케이크가루와 시나몬파우더, 소금을 한꺼번에 체 쳐 넣고 잘 섞어요.

밥솥 안쪽에 붓으로 오일을 골고루 펴 발라요.

반죽을 붓고 솥을 바닥에 2~3번 탕탕 친 뒤 만능 찜 기능으로 60분간 익혀요.

볼에 크림치즈 프로스팅 재료를 넣고 섞어 짤주머니에 담아요.

구워진 케이크 시트를 2~3장으로 슬라이스 한 뒤, 크림치즈 프로스팅을 층층이 짜서 펴 발라요.

맨 위에 크림치즈 프로스팅을 발라 주세요. 윗면에 취향껏 채 썬 당근이나 견과류로 장식해 주세요.

꼬마셰프 TIP!

케이크 시트를 균일한 두께로 슬라이스하는 건 쉽지 않지만 좀 삐뚤더라도 아이가 직접 해 볼 수 있게 해 보세요. 어차피 크림치즈를 발라 겹쳐 올릴 거니 한 번에 예쁘게 잘리지 않아도 괜찮아요.

COOKING

08

고구마찜케이크

찜케이크는 오븐에 구운 케이크와 달리 무척 촉촉하고 쫀득한 식감이 특징이에요. 오븐이 없어도 찜기만 있으면 간단하게 만들어 볼 수 있어요.

재료 6개 기준 | 40분 내외 | **난이도** ★★☆

주재료 생 고구마(100g), 박력분 130g, 우유 100ml, 계란 1개, 설탕 70g, 오일 5g, 베이킹파우더 4g, 소금 한 꼬집
(고구마 무스) 구운 고구마 100g, 우유 1T(농도에 따라 조절), 올리고당(액상 알룰로스) 1T (올리고당은 고구마의 단맛에 따라 조절)

MOM'S HELP 고구마는 껍질을 깎아 깍둑 썰어 주세요.

볼에 계란을 넣고 잘 푼 뒤 설탕을 2~3번에 걸쳐 나눠 넣으면서 잘 녹여요.

우유, 오일을 넣고 섞은 뒤 박력분, 베이킹파우더, 소금을 한꺼번에 체 쳐 넣어요.

가루가 잘 섞이면 깍둑 썬 고구마를 절반만 넣고 섞어요.

다른 볼에 구운 고구마를 으깬 후 농도와 단맛에 따라 우유나 올리고당을 추가해요.

머핀 틀에 반죽을 1/3정도만 채우고 고구마 무스를 짤주머니에 넣어 반죽 위에 조금씩 짜 올려요.

7

반죽을 틀의 70~80%까지 넣고, 남겨 둔 깍둑 썬 고구마를 올려 장식해요.

8

MOM'S HELP 찜기에 김이 오르면 머핀을 넣고 뚜껑을 덮어 약 20분 정도 쪄요.

꼬치나 젓가락으로 찔러 반죽이 묻어 나오지 않을 때까지 익혀요.

꼬마셰프 TIP!

아이가 틀에 반죽을 채워 넣은 뒤, “여기에 치즈도 올리면 맛있겠다.” 라고 하더라고요. 슬라이스치즈를 잘라서 조금씩 올려 봤는데 의외로 정말 잘 어울렸어요. 아이가 원하는 재료를 추가해 보면서 재미와 성취감을 느낄 수 있도록 해 주세요.

COOKING

09

통밀단호박파운드케이크

밀가루 대신 식이 섬유와 비타민 등의 영양소가 풍부한 통밀가루를 넣고, 단호박까지 듬뿍 넣었더니 구수하고 은은한 단맛의 풍미가 정말 좋았어요. 파운드케이크는 밀폐용기에 넣었다가 하루 정도 지난 후에 먹었을 때 더 촉촉하고 맛있답니다.

재료 16x8.5x6cm 틀 기준 ⏰ 60분 내외 ★ **난이도** ★★☆

주재료 단호박 200g, 통밀가루 120g, (실온)계란 2개, (실온)버터 100g, 설탕 80g, 베이킹파우더 4g, 소금 한 꼬집
토핑 단호박 50g, 호박씨 약간, 설탕 20g, 올리고당(액상 알룰로스) 10g

껍질을 깐 단호박은 100g 정도는 깍둑 썰고 나머지 100g은 랩을 씌워 충분히 익을 때까지 3~4분 더 돌려 볼에 넣고 으깨요.

실온에 둔 버터에 설탕을 나눠 넣어 가며 충분히 휘핑한 후, 풀어 둔 계란을 조금씩 나눠 넣어가며 휘핑해요.

밝은 아이보리색이 날 때까지 충분히 휘핑해 주세요.

통밀가루와 베이킹파우더, 소금을 한꺼번에 체 쳐 넣고 섞어요.

으깬 단호박을 넣고 섞은 뒤, 깍둑 썬 단호박을 넣고 한번 더 골고루 섞어요.

틀에 오일이나 버터를 골고루 발라 준 뒤 반죽을 넣고 바닥에2~3번 정도 탕탕 내리쳐 기포를 빼요.

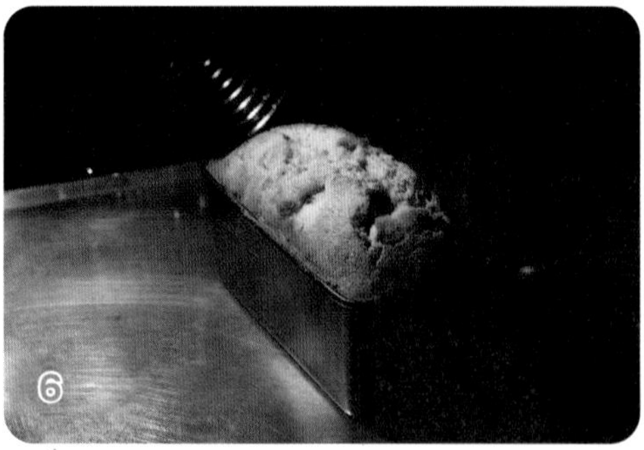

170도로 예열한 오븐에서 40~45분간 구워 주세요.

7

팬에 설탕과 알룰로스(또는 올리고당)를 넣어 끓인 후 호박씨와 토핑용 단호박을 깍둑 썰어 넣고 졸여 주세요.

8

구워 낸 파운드케이크 위에 토핑을 올려 주세요.

꼬마셰프 TIP!

풀어 둔 버터에 계란을 넣는 과정(레시피 3, 4번)에서 계란을 한꺼번에 많이 넣거나 실온 상태가 아닌 차가운 계란을 넣을 경우, 약간 몽글몽글하게 분리가 일어날 수 있어요. 버터와 계란에 분리가 일어나면 잘 부풀지 않을 수 있기 때문에 반드시 계란은 충분히 실온에 두었다가 조금씩 넣어 충분히 섞어 주세요.

COOKING

10

수플레치즈케이크

브런치 카페에서나 먹을 수 있을 줄 알았던 수플레 치즈케이크를 집에서, 그것도 밥솥으로 만들 수 있다니 놀랍지 않나요? 주말에 커피나 우유와 함께 홈 카페 메뉴로 즐겨 보세요.

재료 6인용 전기밥솥 기준 ⏰ 80분 내외 **난이도** ★★☆

주재료 크림치즈 200g, 플레인요거트 60g, 계란 3개, 박력분 30g, 설탕 85g, 소금 한 꼬집, 바닐라 익스트랙 약간

*크림치즈는 상온에서 1시간 이상 두어 말랑한 상태로 만들어 두세요.

1

계란은 흰자와 노른자를 분리해 주세요.

2

MOM'S HELP 볼에 계란 흰자를 넣고 설탕 40g을 나눠 넣어 가며 뿔이 단단히 설 때까지 휘핑해요.

3-1

3-2

다른 볼에 크림치즈를 넣고 부드럽게 풀어 준 후, 플레인요거트, 설탕 45g, 소금을 넣고 잘 섞어요.

4

계란 노른자와 바닐라 익스트랙을 넣고 섞어 주세요.

5

박력분을 체 쳐 넣고 잘 섞어요.

만들어 둔 머랭을 조금씩 나눠 넣어 가며 부드럽게 섞어요.

밥솥에 붓으로 오일을 골고루 펴 발라 준 후 반죽을 부어요.

밥솥을 2~3번 정도 살살 내려쳐 기포를 빼 준 후 만능찜 모드로 50분, 보온 모드로 15분 정도 구워 주세요.

꼬마셰프 TIP!

사 먹는 치즈케이크처럼 바닥지가 있는 치즈케이크를 만들고 싶다면, 통밀 쿠키와 버터를 섞어 밥솥 아래에 깔아 준 뒤 크림치즈 반죽을 부어 주시면 돼요(재료: 통밀 쿠키 70g, 버터 30g).

COOKING

11

인절미티라미수

원래는 커피와 카카오가루가 들어가야 하지만 아이와 같이 먹을 수 있게 콩가루로 대체해서 만들었어요. 완성된 티라미수는 냉장고에 2~3시간 정도 넣어 두었다가 차갑게 드세요.

재료 350ml 용기(11x 6x 5cm) 기준 30분 내외 **난이도** ★★☆

주재료 마스카르포네치즈(또는 크림치즈) 100g, 생크림 120g, 설탕 35g, 콩가루 2T, 카스텔라 2개(200g), 우유 30g

인절미 시럽 콩가루 3g, 우유 1T * 카스텔라나 콩가루의 당도에 따라 설탕량을 조절해 주세요.

볼에 마스카르포네치즈를 넣고 거품기로 잘 풀면서 알룰로스(또는 설탕)를 넣어 섞어요.

MOM'S HELP 생크림을 넣고 휘핑 자국이 생길 정도까지 휘핑해요.

콩가루를 넣고 섞어 짤주머니에 담아요.

티라미수 용기에 맞게 카스텔라를 잘라 넣고 우유와 콩가루를 섞은 시럽을 골고루 발라요.

카스텔라 위에 만들어 둔 인절미 크림을 올려 윗면을 평평하게 다듬어요.

5-2

6

윗면에 콩가루를 체에 내려 골고루 뿌려요.

꼬마셰프 TIP!

적당한 티라미수 용기가 없을 경우, 그냥 평평한 접시에 카스테라를 올리고 자유롭게 크림을 짜서 만들어도 됩니다. 접시에 그림을 그리듯 아이가 원하는대로 짜 볼 수 있게 해 주세요.

COOKING

12

식빵핫도그

식빵으로 간단히 만드는 레시피이지만 개인적으론 사 먹는 것보다도 맛있었어요. 식빵을 얇게 밀어 사용하니 부담스럽지 않고 딱 먹기 좋더라고요. 부드러운 우유 식빵을 사용하면 겉면이 갈라지지 않고 매끄럽게 만들 수 있어요.

재료 3개 기준 30분 내외 **난이도** ★★★

주재료 식빵 3장, 소시지 3개, 슬라이스치즈 3장, 계란 2개, 빵가루 1컵

식빵 테두리를 칼로 자르고 밀대로 납작하게 밀어요.

MOM'S HELP 소시지는 뜨거운 물에 살짝 데쳐 주세요.

소시지가 식빵 크기보다 약간 작은 크기가 되도록 소시지 양끝을 약간씩 잘라요.

식빵 위에 치즈를 깔고 소시지를 올린 후 식빵 끝에 계란물을 살짝 묻혀요.

식빵을 김밥 말 듯 돌돌 만 뒤 양쪽 끝을 오므려요.

식빵을 계란물에 굴려 가며 골고루 묻힌 후 빵가루도 묻혀요.

MOM'S HELP 팬에 기름을 넉넉히 두르고 달궈지면 굴려 가며 노릇하게 튀겨 주세요.

꼬마셰프 TIP!

계란물과 빵가루를 묻혀 튀기는 과정이 번거롭다면 식빵에 치즈와 소시지를 올려 감싼 후 에어프라이어에 굽는 방법으로 만들어 보세요(식빵을 밀대로 살짝 밀면, 감쌌을 때 잘 찢어지지 않아요).

COOKING 13

후렌치파이

식빵하고 잼만 있으면 간단하게 완성되는 디저트에요. 시중에 파는 잼은 당분이 많으니 가급적 무설탕 잼이나 비정제 설탕으로 만든 건강한 잼으로 만드는 걸 추천해요.

재료 4개 기준 ⏰ 25분 내외 ★ **난이도** ★★☆

주재료 식빵 3장, (무설탕)과일잼 2T, 녹인 버터 1T

식빵 테두리를 칼로 잘라낸 후 2장은 밀대로 납작하게 밀어요.

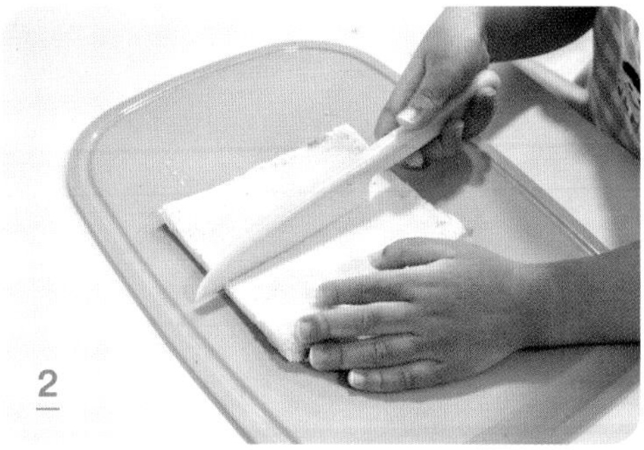

식빵을 모두 4등분(총 12조각)으로 잘라요.

납작하게 밀어 낸 식빵 8조각은 빵 사이에 잼을 발라 2장씩 겹쳐요.

밀대로 밀지 않은 나머지 4조각은 모양 틀로 찍어 내요.

겹쳐 올린 납작한 식빵 조각 윗면에 잼을 얇게 펴 바르고 모양 틀로 찍어 낸 조각을 얹어요.

식빵 위에 녹인 버터를 발라요.

에어프라이어 180도에서 7~8분간 구워요.

꼬마셰프 TIP!

집에 모양 틀이 없을 경우 식빵 반쪽에만 잼을 발라 반을 접은 뒤 포크로 테두리를 눌러 구워 보세요. 한입 베어 물면 잼이 팡 하고 터지는 맛에 또 다른 매력을 느끼실 수 있을 거에요.

COOKING

14

과일샌드위치

빵 사이에 과일과 생크림을 듬뿍 넣어 만든 샌드위치예요. 자칫 느끼할 수 있는 생크림을 상큼한 과일이 완벽하게 잡아 줘요. 아이들이 좋아하는 과일로 다양하게 응용해서 만들어 보세요.

재료 2개 기준   30분 내외   난이도 ★★☆

주재료 식빵 4장, 샤인머스켓 9알, 키위 3개

요거트크림 생크림 250ml, 설탕(가루 알룰로스) 30g, 플레인요거트(무가당) 15g   *기호에 따라 과일은 대체 가능합니다.

과일을 찬물에 깨끗이 세척 후 알알이 떼어 내요.

식빵 테두리를 칼로 잘라요.

볼에 생크림을 붓고 설탕을 나눠 넣으면서 단단한 크림이 될 때까지 휘핑해요.

랩을 깔고 식빵을 올린 후 생크림을 펴 발라요. 샌드위치를 자르는 위치에 과일이 걸리도록 배치해 올려요.

과일 위에 생크림을 한 번 더 골고루 바른 후 식빵으로 덮어요.

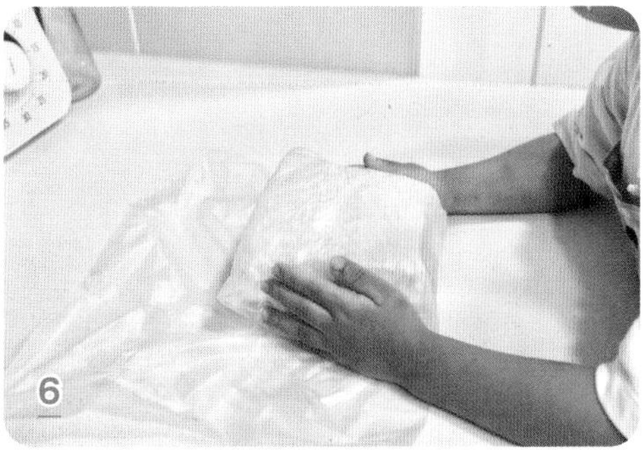

랩을 아래, 양 옆, 위 순서대로 접어 감싸요.

MOM'S HELP 단단하게 한 번 더 랩으로 싼 후 냉동실에 5~10분 정도 잠시 두었다가 반으로 잘라 주세요.

꼬마셰프 TIP!

아이가 생크림 휘핑하는 걸 직접 해 보고 싶다기에 작고 가벼운 우유 휘핑기를 사 주었어요. 우유 휘핑기로 단단한 거품까지 만들긴 어려울 수 있지만 직접 해 볼 수 있게 하는 것 만으로도 즐거운 놀이가 될 거예요.

COOKING

15

추로스

추로스를 집에서 만들면 아이의 취향에 맞게 설탕과 시나몬가루를 조절할 수 있고 깨끗한 기름에 튀겨 줄 수 있어 좋았어요. 기름에 튀기는 게 부담스럽다면 오븐에 구워 주셔도 돼요(200도 15분 정도).

재료 3인분 기준 35분 내외 **난이도** ★★★

주재료 박력분 100g, 물 180g, 버터 50g, 설탕 10g, 소금 약간, 계란 1개 | 시나몬슈가 설탕 50g, 시나몬가루 약간

MOM'S HELP 냄비에 물과 버터, 설탕, 소금을 넣고 버터가 녹을 때까지 끓여요.

불을 끄고 박력분을 체 쳐 넣어 섞어요.

약불에서 바닥에 얇은 막이 생길 정도까지 섞은 후 불을 꺼요.

반죽을 한 김 식힌 후 계란을 넣고 섞어요.

짤주머니에 별 모양 깍지를 끼우고 반죽을 넣어요.

종이 호일을 추로스 크기 정도로 잘라 그 위에 일자로 반죽을 짜요.

7

MOM'S HELP 팬에 기름을 충분히 넣고 달군 뒤 종이 호일째 기름에 넣고 종이 호일만 걷어내 노릇하게 튀겨 주세요.

8

한 김 식힌 후 넓은 접시에 설탕과 시나몬가루를 넣고 추로스 겉면에 골고루 묻혀요.

꼬마셰프 TIP!

아이가 원하는 대로 다양한 모양의 추로스를 만들어 보세요. 반죽이 뻑뻑해서 아이가 혼자 힘으로 짜기는 어려울 수 있으니 아이가 원하는 그림을 그려 볼 수 있도록 옆에서 도와주세요.

COOKING

16

두부과자

시중에 파는 두부과자는 기름에 튀겨 생각보다 칼로리가 높아요. 집에서 기름에 튀기지 않고 오븐에 구워서 만들어 봤는데 튀긴 것 못지않게 바삭하면서도 담백해서 정말 맛있었어요.

재료 3인분 기준 ⏰ 35분 내외 **난이도** ★★☆

주재료 두부 100g, 박력분 130g, 계란 15g, 오일 1T, 설탕 40g, 베이킹파우더 3g, 소금 약간, 검은깨 3T

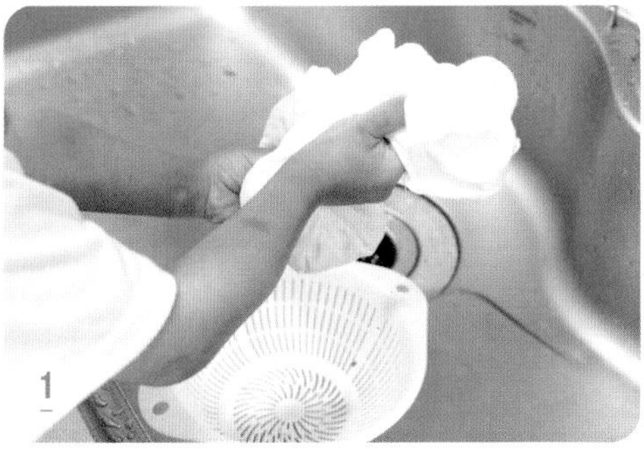
1

두부는 면 보에 넣어 물기를 짜 내요.

2

볼에 계란과 오일을 넣고 잘 섞어요.

3

박력분과 베이킹파우더, 설탕, 소금을 한꺼번에 체 쳐 넣어요.

4

으깬 두부와 검은깨를 넣고 섞어 한 덩어리로 뭉쳐요.

5-1

5-2

도마에 덧 밀가루를 살짝 뿌린 뒤 반죽을 올려 밀대로 얇게 밀어요.

반죽을 한입 크기로 잘라 베이킹 팬에 한 조각씩 떨어뜨려 올려요.

180도로 예열한 오븐에서 13분간 구워 주세요.

꼬마셰프 TIP!

두부과자 반죽을 밀대로 밀어 모양 틀로 찍어 보세요. 모양 틀로 찍을 때는 가급적 비슷한 크기의 틀로 찍어야 구울 때 균일하게 구워져요. 틀로 찍고 남은 반죽은 뭉쳐서 다시 한번 밀대로 밀어 찍으세요.

COOKING

17

딸기모찌

집에서 떡을 만든다는 게 왠지 번거롭게 느껴질 수 있지만 전자레인지를 이용하면 누구나 쉽게 만들 수 있어요. 특히 딸기나 키위같이 상큼하고 부드럽게 씹히는 과일과 잘 어울려요.

재료 3인분 기준 ⏰ 30분 내외 ★ **난이도** ★★★

주재료 찹쌀가루 200g, 뜨거운 물 180ml, 딸기 8~10개, 팥 앙금 200g, 설탕(가루 알룰로스) 50g, 소금 한 꼬집, 전분가루 약간

딸기는 깨끗이 씻어 꼭지를 제거한 후 키친타월로 물기를 닦아요.

볼에 찹쌀가루, 설탕, 소금을 넣고 섞은 후 뜨거운 물을 조금씩 부어가며 주걱으로 섞어요.

MOM'S HELP 랩을 씌우고 전자레인지에 1분간 돌린 후 주걱으로 섞어가며 치대요.

MOM'S HELP 떡 반죽처럼 될 때까지 전자레인지에 돌리고 치대기를 3~4번 정도 반복해요.

날가루가 날리지 않고 약간 질척거릴 정도의 농도로 맞춰요.

팥 앙금을 한 숟가락씩 떼어 딸기를 감싸요.

도마에 전분가루를 뿌리고 반죽을 올려 8~10등분해요.

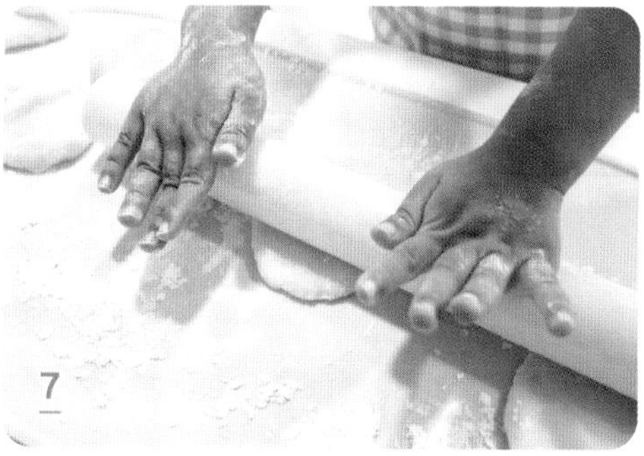

반죽을 한 덩이씩 밀대로 밀어요.

팥으로 감싼 딸기를 반죽 위에 올려 감싸 준 뒤 끝을 꼼꼼히 오므려요.

꼬마셰프 TIP!

딸기를 떡 안에 넣지 않고 찹쌀떡처럼 팥만 넣어 빚은 떡에 딸기를 올리는 방법도 있어요. 딸기뿐 아니라 샤인머스켓이나 키위를 올려도 맛있답니다.

COOKING

18

바나나떡

익은 바나나가 제일 맛있다고는 하지만 막상 비주얼이나 식감이 좋지 않아 아이가 잘 안 먹더라고요. 떡으로 만들어 주니 설탕을 넣지 않아도 은은한 단맛을 느낄 수 있어 아이 간식으로 정말 좋았어요.

재료 3인분 기준 30분 내외 **난이도** ★★★

주재료 찹쌀가루 150g, 바나나 1.5개, 카스텔라 1개, 소금 약간

카스텔라의 갈색 부분은 떼어 내고 노란 부분만 초퍼에 넣어 갈아요.

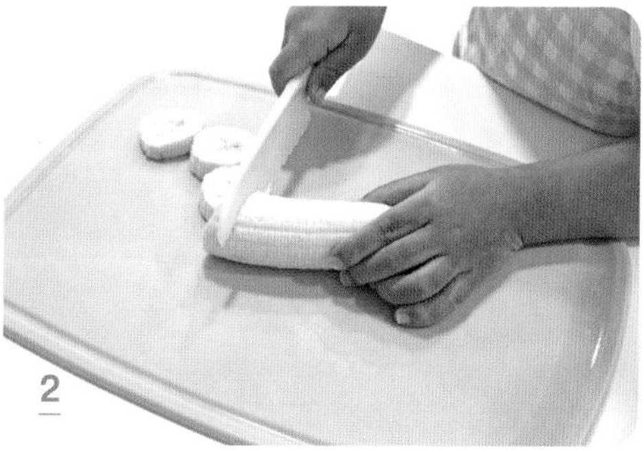

바나나 반 개를 슬라이스해요.

바나나 1개는 볼에 담아 으깨요.

찹쌀가루와 소금을 넣고 손에 묻어나지 않을 정도로 치대요.

반죽을 조금씩 떼어 납작하게 누른 뒤 슬라이스해 둔 바나나를 한 조각씩 넣고 둥글게 빚어요.

MOM'S HELP 끓는 물에 동그랗게 빚은 반죽을 넣고 떠오르면 건져 찬물에 헹궈요.

겉면에 카스텔라 가루를 골고루 묻혀요.

꼬마셰프 TIP!

아이들에게는 아무래도 손바닥으로 둥글리는 것보다 길쭉하게 비비는 게 쉬울 거예요. 떡 반죽을 길게 빚을 때에는 속에 넣을 바나나도 길쭉하게 잘라 넣어 주세요.

COOKING

19

소떡소떡

소떡소떡 하면 매콤한 고추장 양념이 가장 먼저 떠오르지만, 아이와 같이 먹을 수 있게 맵지 않은 소스로 만들어 보았어요. 어른이 함께 먹기에도 자극적이지 않고 정말 맛있어요.

재료 4개 기준　　　　　　　　　　　　　　　　　　　⏰ 30분 내외　**난이도** ★★☆

주재료 떡볶이 떡 12개, 비엔나소시지 12개 | **간장소스** 간장 1T, 올리고당(액상 알룰로스) 2T, 다진 마늘 0.5T, 참기름 1T, 물 4T | **케첩소스** 케첩 3T, 간장 0.5T, 굴소스 0.5T, 올리고당(액상 알룰로스) 1T, 설탕(가루 알룰로스) 1T , 다진 마늘 0.5T, 물 4T

1

MOM'S HELP 냉동실에 있던 떡은 살짝 말랑해질 때까지 끓는 물에 살짝 데친 후 찬물에 헹궈 주세요.

가래떡을 사용하는 경우 소시지 크기로 잘라 주세요.

2

소시지에 칼집을 내요.

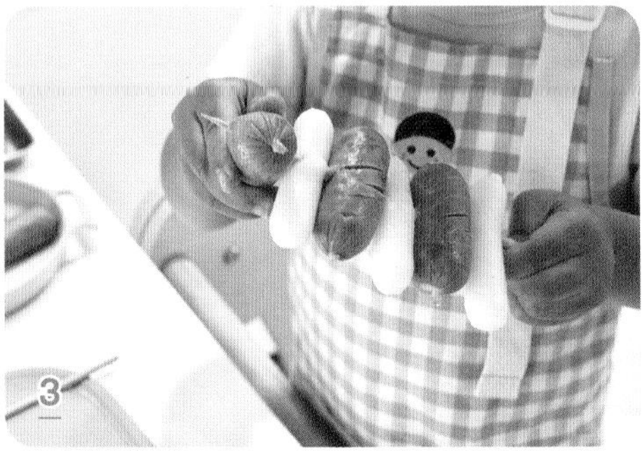
3

꼬치에 떡과 소시지를 번갈아 가며 끼워요.

4

에어프라이어팬에 꼬치를 올리고 앞뒤로 오일을 발라 200도 에어프라이어에 앞뒤로 3분씩 구워요.

5-1

5-2

팬에 소스 재료를 넣고 바글바글 끓이다가 살짝 졸아들면 꼬치 앞뒤로 골고루 발라요.

COOKING

20

고구마치즈스틱

고속도로 휴게소에서 파는 고구마치즈스틱을 완벽하게 재현한 맛이에요. 만드는 과정도 어렵지 않아서 한꺼번에 많은 양을 만들어 소분해서 냉동 보관해 두면 바로 구워 먹을 수 있어 좋아요.

재료 3인분 기준 ⏰ 35분 내외 **난이도** ★★★

주재료 익힌 고구마 3개(약 200g), 만두피 16장, 올리고당(액상 알룰로스) 2T, 스트링치즈 8개

*알룰로스는 고구마 당도에 따라 양을 조절해 주세요.

1-1

1-2

볼에 껍질 깐 고구마와 알룰로스(또는 올리고당)를 넣고 으깬 후 짤주머니에 넣어 주세요.

2

스트링 치즈는 반으로 잘라 주세요.

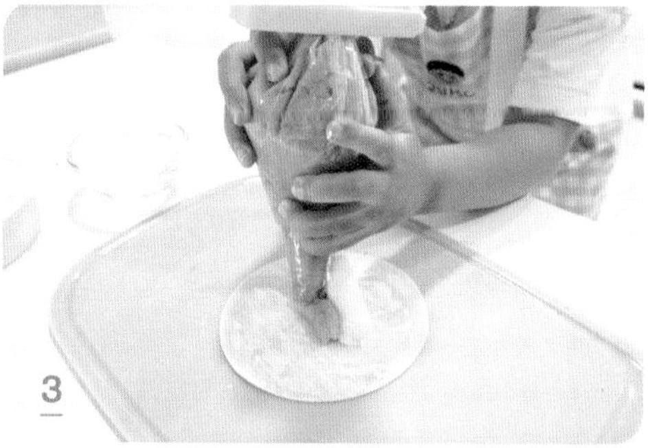
3

만두피에 스트링 치즈를 올린 후 짤주머니로 고구마를 적당량 짜 주세요.

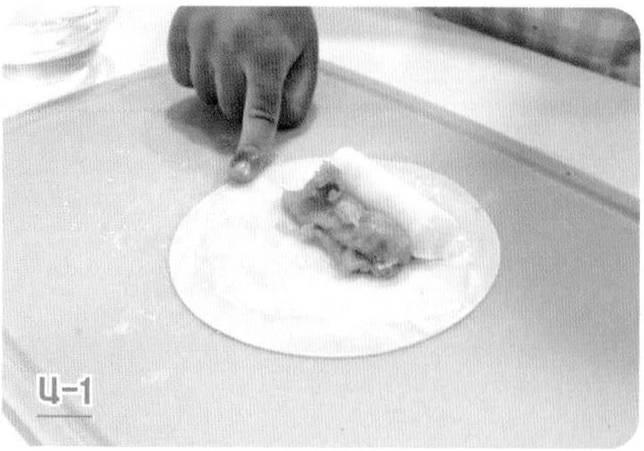
4-1

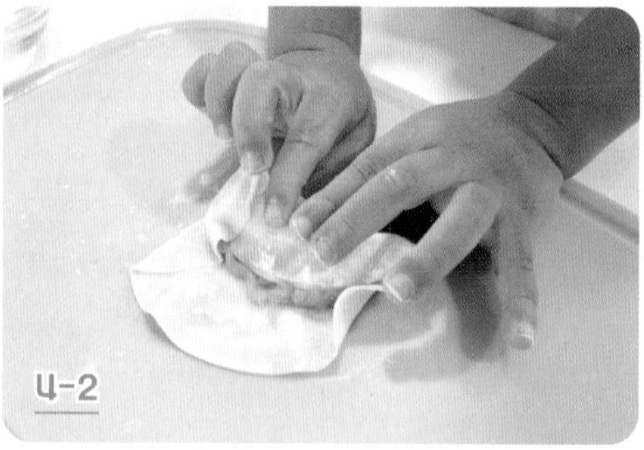
4-2

만두피 끝에 물을 살짝 묻힌 후 아래에서 위로, 양옆을 접고 돌돌 말아 주세요.

팬에 오일을 적당히 두르고 앞뒤로 노릇하게 튀기듯 구워 주세요.

꼬마셰프 TIP!

페이스트리 생지에 고구마무스를 넣어 오븐에 구우면 정말 맛있는 고구마파이가 돼요. 생지를 적당한 크기로 잘라 짤주머니로 고구마무스를 짜 넣고 접듯이 말아 주세요(170도 15~20분).

COOKING 21

스쿱쿠키

모양이 마치 스쿱으로 퍼낸 아이스크림같이 생겨서 붙여진 이름이에요. 생긴 것과 달리 녹지 않는 쿠키 반죽을 직접 스쿱으로 굶어 보고 관찰해 보면서 놀이하듯 재미있게 만들어 보세요.

재료 5cm 스쿱기준 6개 기준　　　⏰ 40분 내외　★ **난이도** ★★★

주재료 쌀가루 120g, 아몬드가루 30g, 버터 90g, 슈가파우더(또는 설탕) 60g, 소금 한 꼬집, 코코아가루 8g

* 슈가파우더 대신 설탕을 사용하실 분들은 믹서기에 곱게 갈아서 사용하세요.

1

초퍼에 차가운 상태의 버터를 그대로 넣어요.

2

쌀가루와 아몬드가루, 슈가파우더(또는 설탕), 소금을 넣고 버터가 작은 알갱이가 될 때까지 다져요.

3

볼에 옮겨 담고 손으로 꾹꾹 쥐어 가며 한 덩어리로 만들어요.

4

다른 볼에 반죽을 반씩 나눠 담은 후, 한쪽에는 코코아가루를 넣고 섞어 한 덩어리로 뭉쳐요.

5

큰 볼에 두 개의 반죽을 적당히 섞이도록 나눠 넣은 후 스쿱으로 긁어 가며 떠내요.

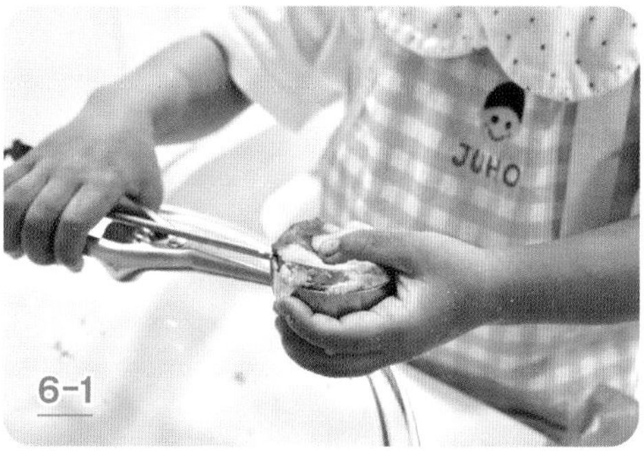

6-1

윗면을 손으로 눌러 빈 곳 없이 반죽을 채워 넣은 후 오븐팬에 딸깍딸깍하며 한 스쿱씩 올려요.

160도로 예열한 오븐에서 25~30분간 구워 주세요.

스쿱 크기가 5cm보다 작은 경우 시간을 5분 정도 줄여서 구워 보고 상태를 봐 가면서 조절해 주세요.

꼬마셰프 TIP!

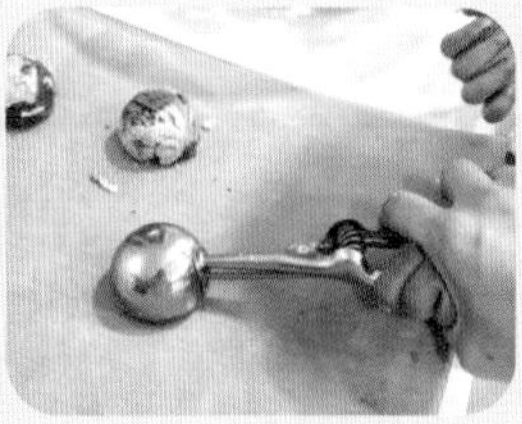

스쿱으로 아이스크림을 긁어 낸 것처럼 예쁜 결을 만들기 위해서는 반죽을 떠서 팬에 올리면 됩니다. 아이가 손에 힘이 약할 수 있으니 엄마가 도와주세요.

COOKING

22

만두피에그타르트

계란 반죽 자체가 무척 부드럽고 맛있어서 간단히 만두피에 담아 구워도 충분히 맛있었어요. 계란 흰자는 구름빵이나 머랭쿠키 등을 만들고 남은 계란 노른자로 만들어 보기에도 좋아요.

재료 6개 기준 ⏰ 30분 내외 ★ **난이도** ★★☆

주재료 만두피 6장, 우유 120ml, 생크림 80ml, 계란 노른자 3개, 설탕(가루 알룰로스) 35g, 바닐라 익스트랙 약간

냄비에 우유, 생크림, 설탕을 넣고 저어 가며 가장자리가 끓을 때까지 약불에서 끓여요.

노른자 분리기를 이용해 계란 노른자를 분리해요.

노른자에 끓여 둔 우유를 조금씩 부어 가면서 저어요.

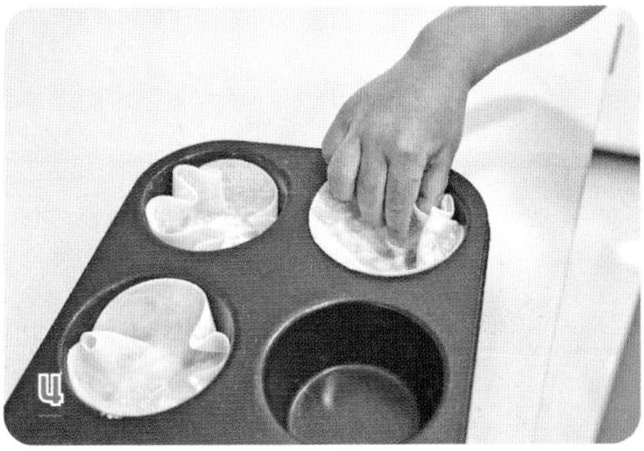

머핀 틀에 만두피를 한 장씩 깔고 반죽을 70~80% 정도 채워요.

MOM'S HELP 190도로 예열한 오븐에 넣고 20분간 구워 주세요.

꼬마셰프 TIP!

만두피에 계란 반죽을 부을 때 한꺼번에 많은 양을 담아 붓게 하면 아이가 와르르 쏟아 버릴 수 있어요. 아직 스스로 조절하기 어려운 아이의 경우, 한 개 분량씩 담아 주세요.

COOKING

23

구름빵

이름도 모양도 재미있는 구름빵은 계란 흰자로 만들어 아이와 함께 먹기에도 부담 없어요. 퐁신퐁신 부드러우면서도 쫀쫀한 느낌이라 아이가 만드는 과정도 무척 재미있어했답니다.

꼬마셰프 TIP!

머랭 반죽은 크림처럼 부드러워서 아이가 무척 만져 보고 싶어 하더라고요. 보통 주걱이나 스패출러로 둥근 모양을 만들지만 비닐장갑을 끼고 아이가 원하는 대로 모양을 만들어 보게 해 주셔도 좋아요.

재료 2개 기준 ⏰ 25분 내외 **난이도** ★★☆

주재료 계란 3개, 설탕 2T, 전분가루 1T

1

계란은 상온에 잠시 두었다가 흰자와 노른자를 분리해요.

2

볼에 흰자를 넣고 중간중간 설탕을 나눠 넣으며 휘핑해요.

3

볼이 설 정도로 단단하게 휘핑되면 전분가루를 넣고 30초 정도 더 휘핑해요.

4

팬에 종이 호일이나 유산지를 깔고 반죽을 올려 구름 모양으로 모양을 잡아 주세요.

5-1

5-2

140도 오븐에서 15~20분간 구워요.

COOKING

24

웨이퍼롤

웨이퍼(wafer)는 얇고 바삭하게 구운 과자라는 뜻이 있어요. 단어 뜻 그대로 얇고 바삭하게 구운 반죽을 돌돌 말아 롤 모양으로 만들었어요 아이가 반죽으로 후라이팬에 마구 그림을 그리는 과정이 재미있어서 추천하는 레시피예요.

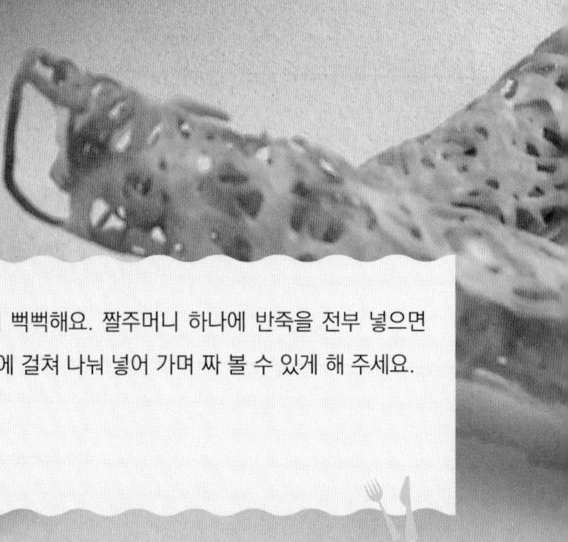

꼬마셰프 TIP!

옥수수전분이 들어가 생각보다 반죽이 뻑뻑해요. 짤주머니 하나에 반죽을 전부 넣으면 짜기 어려울 수 있으니, 반죽을 2~3번에 걸쳐 나눠 넣어 가며 짜 볼 수 있게 해 주세요.

재료 3인분 기준 · 30분 내외 · 난이도 ★★★

주재료 쌀가루 100g, 옥수수전분 60g, 설탕 80g, 베이킹파우더 4g, 바닐라 익스트랙 약간(생략 가능), 계란 1개, 녹인 버터 20g, 우유 120ml *쌀가루 대신 밀가루(박력분 또는 중력분)를 사용하는 경우 우유를 100ml 정도로 줄여 주세요.

볼에 쌀가루와 옥수수전분, 베이킹파우더, 설탕을 체 쳐 넣어요.

계란과 우유, 녹인 버터를 넣고 섞어요.

반죽을 체에 한번 걸러 뭉치는 알갱이가 없도록 해요.

짤주머니에 반죽을 넣고 끝을 아주 약간만 잘라요.

약불에 올린 팬에 짤주머니로 자유롭게 그림을 그려요.

MOM'S HELP 반죽에 갈색빛이 돌면 끝부분부터 돌돌 말아요.

COOKING

25

참치카나페

카나페 하면 보통 홈파티에서 즐기는 핑거푸드 정도로 생각하지만, 사실 아이들에게도 매우 훌륭한 영양 간식이에요. 크래커나 빵에 참치샐러드와 함께 아이가 좋아하는 과일이나 채소를 올려 다양하게 즐겨 보세요.

꼬마셰프 TIP!

완성된 카나페를 플레이팅할 때 크래커 크기 때문에 생각보다 접시에 많은 양이 담기진 않더라고요. 이런 경우 참치샐러드와 크래커를 따로 담아내 보세요.

재료 3인분 기준 ⏰ 20분 내외 **난이도** ★☆☆

주재료 크래커 2봉, 참치캔 1개(150g), 양파 2T, 스위트콘 3T, 마요네즈 4T, 후추 약간
부재료 슬라이스치즈 3장, 오이 1/3개, 방울토마토 4~5개, 딜 또는 파슬리가루 약간(생략 가능)

MOM'S HELP 오이를 얇게 슬라이스해요.

양파는 큼직하게 썰어 초퍼에 넣고 잘게 다져요.

볼에 기름 뺀 참치, 스위트콘, 다진 양파와 마요네즈, 후추를 넣고 섞어요.

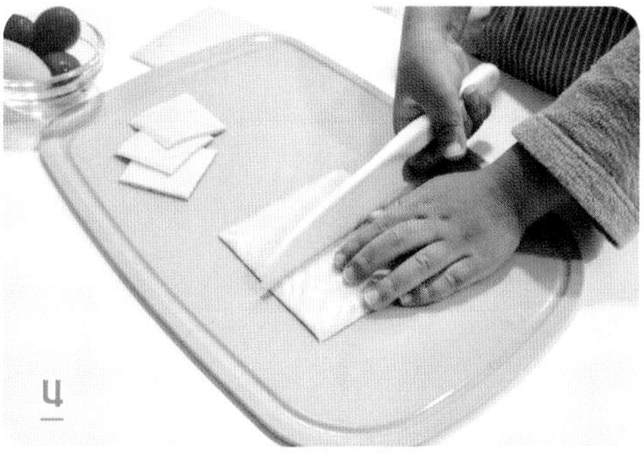

치즈는 4등분으로 잘라 주고, 방울토마토도 4등분으로 썰어요.

크래커 위에 치즈, 오이, 참치샐러드, 방울토마토 순으로 올려요.

🍴 위에 파슬리가루나 딜을 살짝 올려 주세요(생략 가능).

살레파운드케이크

프랑스어로 '케이크 살레(*cake salé*)' 라고 불리우는 프랑스 가정식 요리에요. 냉장고 안에 있는 각종 야채나 옥수수, 올리브, 치즈 등 원하는 대로 넣어 다양하게 만들어 볼 수 있어요. 건강한 재료가 풍부하게 들어가 식사 대용으로나 든든한 간식으로 먹기에도 좋은 메뉴예요.

재료 파운드 틀(16x8x6cm)2개 기준 45분 내외 **난이도** ★★☆

주재료 (가루 재료) 통밀가루 140g, 베이킹파우더 0.5t, 소금 약간 | (액체 재료)우유 180g, 오일 20g, 올리고당(액상 알룰로스) 20g, 설탕 35g | 부재료 삶은 계란 2개, 비엔나소시지 5~6개, 방울토마토 4개, 쪽파 2~3대, 파마산치즈가루 2T

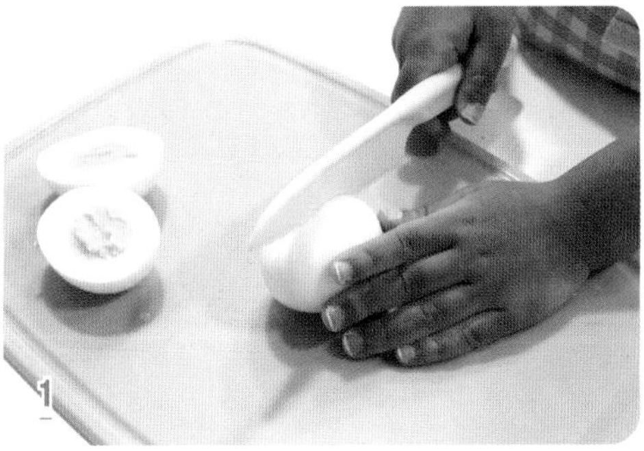

1

삶은 계란과 방울토마토는 반으로 잘라요.

2

볼에 액체 재료를 넣고 잘 섞어요.

3-1

3-2

가루 재료를 체 쳐 넣고 부재료의 2/3를 반죽에 넣어 같이 섞어요.

4-1

4-2

틀에 오일을 살짝 바르고 반죽을 채워요.

부재료 나머지 1/3을 반죽 위에 토핑으로 올린 후 파마산치즈가루를 뿌려요.

170도로 예열한 오븐에서 30~35분간 구워요.

꼬마셰프 TIP!

파운드케이크 틀이 없는 경우, 머핀 틀을 이용해 보세요. 반죽을 머핀 틀의 80% 정도까지 나눠 담은 후 180도로 예열한 오븐에서 15~20분 정도 구워 주시면 돼요.

COOKING

27

딸기판나코타

판나코타는 이탈리아식 스위트 푸딩으로 '익힌 크림'이라는 뜻의 어원을 갖고 있어요. 그만큼 입안에 넣었을 때 크림처럼 부드럽고 달콤한 맛이라 아이들도 정말 좋아해요.

재료 120ml 병 4개 기준 ⏰ 20분 내외 **난이도** ★★☆

주재료 우유 200ml, 생크림 200ml, 설탕(가루 알룰로스) 50g, 바닐라 익스트랙 약간, 판젤라틴 2장

(딸기 퓌레) 냉동딸기 200g, 설탕(가루 알룰로스) 80g, 레몬즙 약간

1

찬물을 담은 볼에 판젤라틴을 넣어 불려요.

2

냄비에 우유와 생크림, 설탕을 넣고 끓지 않을 정도 까지만 데워요.

가장 자리에 기포가 조금씩 올라올 때쯤 불을 꺼 주세요.

3-1

3-2

불려 둔 젤라틴의 물기를 꼭 짜내어 냄비에 넣은 뒤 바닐라 익스트랙을 넣고 저어가며 녹여요.

4

데운 크림을 용기의 2/3정도까지만 담은 후 한 김 식혔다가 냉장실에서 3~4시간 정도 굳혀요.

5

냉동딸기를 상온에 잠깐 두어 해동한 뒤 으깨요.

6

설탕을 넣고 섞은 뒤 설탕이 녹을 때까지 1~2시간 정도 그대로 두었다가 레몬즙을 넣고 섞어 냉장실에 넣어 둬요.

7

판나코타가 굳으면 위에 딸기 퓌레를 약간 올려요.

꼬마셰프 TIP!

물에 불려 사용하는 판 젤라틴을 딱딱한 상태로도 만져 보고 물에 불린 후 흐물흐물해진 상태도 만져 보게 하면서 탐색할 수 있는 기회를 주세요. 말랑말랑한 젤리가 어떻게 만들어지는지도 알 수 있어요.

COOKING

28

멜론빙수

빙삭기가 없어도 지퍼백 하나면 간편하게 우유 얼음을 만들 수 있어요. 우유를 얼릴 때 흰우유 대신 멜론 맛 우유를 얼려 만들면 훨씬 진하고 달콤한 멜론의 맛을 느낄 수 있어요.

꼬마셰프 TIP!

스쿱으로 멜론 속을 파내는 건 아이도 어렵지 않게 할 수 있어요. 스쿱이 없는 경우 계량 스푼이나 작은 아이 수저로 파내도 좋아요.

재료 1개 기준 ⏰ 30분 내외 ★ **난이도** ★★☆

주재료 멜론 1/2통, 우유 600ml, 연유 3~4T

입구가 넓지 않은 볼에 지퍼백을 씌우고 우유와 연유를 넣어 섞은 뒤 냉동실에 4~5시간 정도 얼려요.

멜론은 반으로 잘라 수저로 씨를 파내요.

스쿱으로 멜론 속을 둥그렇게 파내 접시에 모아 둬요.

지퍼백에 얼린 우유는 밀대나 방망이로 살살 두들겨 빙수 얼음으로 만들어요.

멜론 속에 우유 얼음을 채워요.

둥글게 파낸 멜론을 얼음 위에 가득 올려요.

기호에 따라 맨 위에 연유를 더 뿌려 주세요.

COOKING 29

과일아이스바

사 먹는 아이스크림에는 생각보다 많은 당이 들어 있어 집에서 과일과 요거트로 직접 만들어 먹곤 해요. 요거트 대신 우유나 주스를 넣어도 좋고 아이가 좋아하는 다른 과일로 대체해서 넣어도 좋아요.

재료 6개 기준 　　　　⏰ 20분 내외 　 **난이도** ★☆☆

주재료 딸기 3~4개, 블루베리 1/2컵, 샤인머스켓 5~6알, 오렌지 1/4개 등(집에 있는 과일로 대체 가능), 사과주스(또는 좋아하는 과일주스로 대체 가능) 1.5컵

* 과일은 어차피 얼릴 거라 냉동제품을 사용하셔도 됩니다.

1-1

1-2

과일은 먹기 좋은 크기로 작게 썰어요.

2

아이스크림 몰드에 과일을 골고루 채워요.

과일의 단면을 몰드 벽면에 붙이면 얼렸을 때 단면이 잘 보여서 예뻐요.

3

사과주스를 몰드의 90% 정도까지 채우고 막대를 꽂아 냉동실에서 5시간 이상 얼려요.

꼬마셰프 TIP!

투명한 과일주스를 넣으면 과일 단면이 잘 보여서 얼렸을 때 예쁘지만 아이가 좋아하는 요거트를 넣어도 맛있어요. 플레인요거트를 넣을 땐 꿀이나 올리고당을 약간 넣어 주세요.

COOKING

30

과일청

손질한 과일을 설탕에 재우기만 하면 되는 무척 간단한 레시피예요. 여름이라 청귤청으로 담가 보았지만 레몬이나 오렌지, 블루베리 등 아이가 좋아하는 과일로 대체해서 만들어 보세요.

꼬마셰프 TIP!

청을 담글 때에는 생각보다 많은 양의 설탕이 들어가요. 한꺼번에 붓기엔 무거울 수 있으니 한 손으로 들 수 있는 만큼씩 덜어 주세요.

재료 2L 1.5병 기준 　　　　25분 내외 　**난이도** ★☆☆

주재료 청귤(손질 후) 1kg, 설탕 1kg

큰 볼에 청귤을 넣고 베이킹소다를 뿌리고 겉면을 꼼꼼히 문질러 세척해요.

MOM'S HELP 청귤의 위아래 꼭지 부분을 자른 후, 0.3cm 정도 간격으로 슬라이스해요.

볼에 슬라이스한 청귤을 담고 설탕을 부어 주걱이나 장갑 낀 손으로 뒤적여요.

설탕이 어느 정도 녹으면, 열탕 소독한 병에 담아 실온에서 하룻밤 두었다가 냉장고에서 3~4일 정도 숙성해요.

아이가 두 돌이 넘어가면 특별한 날들에 대한 인지가 생기기 시작해요.
크리스마스에는 산타 할아버지가 오신다는 것이나, 설날에는 한복을 입고
떡국을 먹는다는 것 등이요. 아이와 특별한 날의 분위기나 풍습에 맞는 요리를 해 보면서
이야깃거리도 만들고 재미있는 추억을 남겨 보면 어떨까요?

part

4

특별한 날,
특별한 요리

COOKING

01

딸기케이크

특별한 기술 없이도 어렵지 않게 만들어 볼 수 있는 케이크예요. 홈메이드인 만큼 재료를 아낌없이 넣으면 사 먹는 케이크 보다 훨씬 맛있어요. 키위나 샤인머스켓 등 아이가 좋아하는 과일로 다양하게 만들어 보세요.

재료 2호 케이크 1개 기준 · 40분 내외 · ★ 난이도 ★★★

주재료 케이크 시트 3장, 생크림 300g, 마스카포네치즈(또는 크림치즈) 30g, 설탕 30g, 딸기 1팩(500g), 케이크 시럽 3~4T

*케이크시트와 케이크 시럽 레시피는 P.267을 참고하세요.

딸기는 식초물에 잠시 담가 깨끗이 씻은 후, 1/2 팩은 꼭지를 자르고 3~4등분으로 슬라이스해요.

MOM'S HELP 볼에 생크림을 붓고 설탕을 2~3번에 걸쳐 나눠 넣으며 휘핑해 주세요.

뿔이 단단하게 설 때까지 휘핑한 뒤 크림을 짤주머니에 담아요.

케이크 시트에 케이크 띠지를 두른 후, 케이크 시럽을 골고루 발라 주세요(높이 6cm 띠지 사용).

띠지 벽면에 슬라이스해 둔 딸기를 밀착하듯이 붙여요.

생크림을 적당량 짜 넣고 평평하게 정리 후 슬라이스해 둔 딸기를 펼쳐 올려요.

한 번 더 생크림을 바르고 케이크 시트를 또 한 장 올려 시럽, 생크림, 딸기 올리기를 한 번 더 반복해요.

마지막 케이크 시트를 올리고 윗면에 생크림을 펴 바른 뒤 남은 딸기를 취향껏 올려 장식해요.

꼬마셰프 TIP!

케이크 윗면을 꾸미기 어렵다면 과일을 풍성하게 올리거나 데코픽을 활용해 보세요. 의외로 사 온 케이크 못지 않은 비주얼이 된답니다.

케이크 시트(제누와즈) 만들기

재료　6인용 밥솥 기준 | 박력분 120g, 설탕 100g, 계란 4개, 우유 40g, 오일 30g

1

볼에 계란과 설탕을 넣고 뜨거운 물이 담긴 다른 볼 위에 올려 중탕으로 설탕이 녹을 때까지 저어요(반죽의 온도가 50~60도 정도 될 때까지 온도를 올려 주세요).

2

볼을 뜨거운 물에서 내려 휘핑기로 색이 뽀얗고 거품이 풍성하게 올라올 때까지 충분히 휘핑해요. 반죽을 떨어뜨렸을 때 자국이 2~3초간 남아 있을 정도로 휘핑해 주세요.

3

뜨거운 물은 버리지 말고 우유와 오일을 넣은 볼을 올려 따뜻하게 중탕해요.

4

휘핑한 반죽에 박력분을 체 쳐 넣고 가루가 보이지 않을 때까지 살살 섞어요.

5

중탕한 우유와 오일이 담긴 볼에 반죽을 한 국자 정도 퍼 담아 잘 섞은 뒤, 다시 본 반죽에 부어 섞어 줘요.

6

밥솥에 오일을 골고루 바른 뒤, 반죽을 붓고 바닥에 2~3번 내리쳐서, 기포를 빼고 만능찜 모드로 40분간 구워요.

7

한 김 식힌 뒤 3등분으로 슬라이스해서 케이크 시트로 사용해요 .

케이크 시럽 만들기

재료　물 100ml, 설탕 50g, 레몬즙 1T

1 냄비에 시럽 재료를 모두 넣고 불에 올려 살짝 끓어오르면 불에서 내려 주세요.

2 식혀서 냉장 보관하며 사용하세요.

COOKING

02

고구마케이크

카스텔라 가루를 묻힌 고구마케이크는 특별한 아이싱(겉면에 생크림을 펴 바르는 작업) 기술이 필요 없어 누구나 쉽게 만들 수 있어요. 달콤한 고구마 크림과 부드러운 카스텔라로 만들어 아이들은 물론 어르신들도 무척 좋아한답니다.

재료 2호 케이크 1개 기준

40분 내외 난이도 ★★★

주재료 (시판)케이크 시트 3장, 생크림 250g, 설탕 50g, 카스텔라 1개, 타임(꾸미기용/생략 가능)
(고구마크림) 익힌 고구마 400g, 생크림 170g, 설탕 60g | (시럽) 물60ml, 설탕(가루 알룰로스) 50g, 레몬즙 0.5T

* 케이크 시트를 밥솥을 이용해 직접 만들어 사용하고 싶으신 경우, P.267을 참고하세요.

볼에 껍질 벗긴 익힌 고구마를 담고 설탕을 넣어 으깨며 섞어요.

고구마크림용 분량의 생크림을 넣고 섞어요.

케이크 시트 한 장을 올리고 시럽을 골고루 발라요.

케이크용 띠지가 있는 경우, 케이크 시트에 둘러 주세요. 차곡차곡 모양 잡기가 훨씬 수월해요.

고구마크림을 얇게 펴 발라요.

케이크 시트를 또 한 장 올리고 시럽, 고구마크림 순으로 발라요(같은 과정을 한 번 더 반복해요).

볼에 생크림을 붓고 설탕을 나눠 넣어 가며 물결무늬 자국이 생길 때까지 휘핑해요.

케이크 윗면과 옆면에 휘핑한 생크림을 펴 발라요.

카스텔라를 초퍼에 갈아 케이크 겉면에 꼼꼼히 바른 후 취향껏 윗면을 꾸며요.

꼬마셰프 TIP!

케이크를 완성 후 남은 생크림이 있다면 짤주머니에 넣고 케익 윗면에 짜서 모양을 내 보세요. 별 모양 깍지가 있다면 활용하셔도 좋고요.

COOKING

03

안 매운 깍두기

사과와 파프리카로 상큼한 향이 나는데다 약간의 짠맛이 더해져 어른이 먹어도 자극적이지 않고 정말 맛있었어요. 무 반 개만 사용해도 꽤 넉넉한 양이 나오니 한 번 만들어 두고 매끼 조금씩 반찬으로 내 보세요.

재료 3인분 기준 ⏰ 20분 내외 ★ **난이도** ★☆☆

주재료 무 1/2개(550g), 굵은 소금 0.5T, 조청 1T | (양념) 빨간 파프리카 1개, 사과 1/2개, 양파 1/5개, 액젓 0.5T, 매실청 1T, 흰쌀밥 1T

1

MOM'S HELP 무는 껍질을 깎아 아이가 먹기 좋은 크기로 깍둑 썰어 주세요.

2

볼에 무를 담고 굵은 소금, 조청을 넣어 버무린 후, 1시간 정도 그대로 두세요.

3

양념 재료를 큼직하게 썰어 믹서기에 넣고 곱게 갈아요.

4

곱게 간 양념재료를 무에 넣고 잘 섞어 주세요.

꼬마셰프 TIP!

깍두기 재료로 맛있는 물김치도 담글 수 있어요. 소금물만으로 발효시켜 만드는 간단한 레시피이지만 어른이 같이 먹어도 정말 맛있어요.

재료: 무 1/2개(약 500g), 사과 1/2개, 배 1/4개, 쪽파 2~3대, 물 500ml, 천일염 5g(+절임용 0.5T)

1. 물에 천일염을 넣고 녹여요.
2. 무는 깍두기 두께보다 좀 더 얇게 썰어 소금을 약간 뿌린 뒤 30분 정도 재워 둬요.
3. 사과, 배, 쪽파는 먹기 좋은 크기로 썰어 절여 둔 무와 섞어 준 뒤 병에 담아요.
4. 소금물을 부어 하루 정도 상온에 두었다가 냉장 보관해요.

COOKING

04

초계국수

복날에 온 가족이 시원하게 드실 수 있는 보양식 메뉴예요. 단백질이 풍부한 닭가슴살을 얇게 찢어 올리니 아이가 먹기에도 부드러워서 좋았어요.

재료 3인분 기준 ⏰ 30분 내외 ★ **난이도** ★★☆

주재료 닭가슴살 2개(200g), 냉면 육수 2팩, 소면 3인분 | 부재료 쌈무 10장, 오이 1/3개, 삶은 계란 2개, 통깨 약간, 무순 약간(생략 가능) | (닭가슴살 밑간 재료) 식초 1T, 설탕(가루 알룰로스) 0.5T, 소금 약간

* 냉면 육수는 냉동 상태면 먹기 3시간 전에 상온에 꺼내 놓고, 상온에 있던 육수라면 먹기 3시간 전에 냉동실에 얼려 살짝 살얼음 낀 상태로 준비해 주세요.

MOM'S HELP 냄비에 물 3컵, 양파 1/4개, 대파 1대, 마늘 2쪽, 월계수 잎 1장을 넣고 15분 정도 약불에서 끓인 후 닭가슴살을 넣어 추가로 15분 정도 삶아 주세요.

닭가슴살을 한 김 식힌 후 결 대로 찢어 밑간 재료를 넣고 조물조물 버무려요.

쌈무는 2~3cm 정도 굵기로 썰고, 오이는 얇게 채 썰어요.

삶은 계란은 반으로 잘라요.

MOM'S HELP 끓는 물에 소면을 넣고 끓어오르면 찬물을 부어 주세요(두 번 반복해 주세요).

소면을 찬물에 헹궈요.

넓은 볼에 소면을 넣고 냉면 육수를 부은 뒤 준비한 고명 재료를 올려요.

꼬마셰프 TIP!

삶은 닭가슴살은 얇게 찢을수록 면과 함께 먹기도 좋고 아이가 먹기에도 부드러워요. 부드럽게 삶아 낸 닭가슴살을 한 김 식힌 후 아이에게 결대로 찢어 보게 해 주세요.

COOKING

05

약식

준비된 재료를 밥솥에 넣고 취사 버튼만 눌러 주면 완성되는 의외로 쉽고 간단한 명절 음식이에요. 밤, 대추, 잣 등 몸에 좋은 재료들이 듬뿍 들어 있어 아이들 영양 간식으로도 무척 좋아요.

재료 3인분 기준 45분 내외 **난이도** ★★☆

주재료 찹쌀 2컵(400g), 물 200ml, 깐밤 5개, 대추 5개, 모듬 견과 2봉 | (양념) 간장 4T, 비정제 갈색설탕(또는 흑설탕) 60g, 올리고당(액상 알룰로스) 2T, 시나몬파우더 0.5t, 소금 한 꼬집 | (고명) 대추, 잣, 호박씨 등 약간

찹쌀은 깨끗이 씻어 체에 받쳐 둬요.

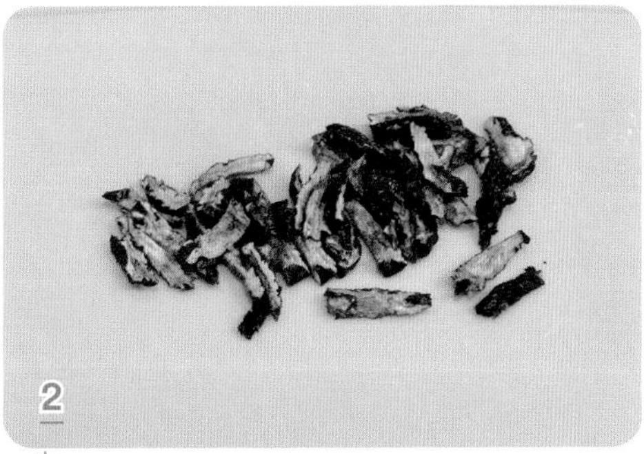

MOM'S HELP 대추는 부드러워질 때까지 물에 불렸다가 씨를 빼고 얇게 썰어 주세요.

MOM'S HELP 깐 밤은 반으로 잘라 주세요.

씻어 둔 찹쌀과 준비한 재료, 양념 재료를 모두 내솥에 넣고 고루 섞은 뒤 잡곡 모드로 취사해요.

약식에 참기름을 넣고 섞은 뒤 사각 틀에도 참기름을 약간 발라 약식을 넣고 모양을 잡아요.

6

고명 재료를 올려 취향껏 장식해요.

대추는 김밥 말듯 돌돌 말아 썰어서 장식해 주세요.

7

식어서 단단하게 굳힌 약식을 먹기 좋은 크기로 잘라요.

꼬마셰프 TIP!

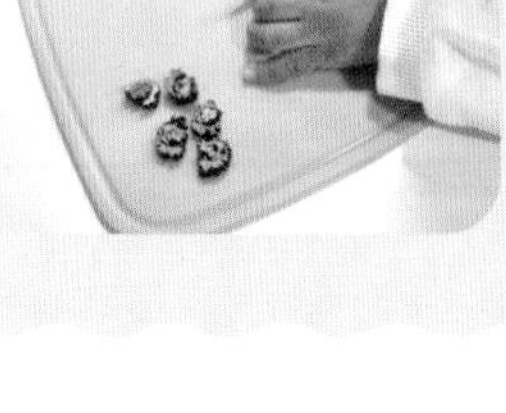

약식에 고명을 올릴 때 남은 대추로 꽃 모양을 만들어 올려 보세요. 불려 둔 대추에 칼집을 내어 씨를 빼고 김밥 말듯 돌돌 말아 썰어 주기만 하면 됩니다. 크기가 작은 경우, 돌돌 말아 다른 대추 속에 한 번 더 겹쳐 넣어 말아 주세요.

COOKING

06

송편

아이와 함께 송편을 빚는 건 어려울 것 같지만 클레이 놀이하듯 조물조물 함께 만들면 정말 재미있어요. 아직 손으로 빚는 게 어려운 경우 틀에 꾹 눌러 주기만 하면 되는 틀을 활용해도 좋아요.

재료 20개 기준 40분 내외 ★ 난이도 ★★★

주재료 (습식)맵쌀가루 500g, 뜨거운 물 약 200g, 참기름 약간 | 부재료 단호박가루, 백년초가루, 쑥가루 등(맵쌀가루 100g 당 1t 정도) *(깨소) 볶은 깨 50g, 볶은 콩가루 3T, 황설탕 2.5Tg, 소금 약간, 올리고당(액상 알룰로스) 0.5T

맵쌀가루를 체에 한번 내려요.

뜨거운 물 약 200ml 정도를 조금씩 나눠 넣어 가며 주걱으로 섞어요.

쌀가루의 수분 함유량에 따라 질기에 차이가 있을 수 있으니 반드시 조금씩 넣어가며 물의 양을 조절해요..

가루가 약간씩 뭉쳐지면 손으로 충분히 치대요.

반죽을 20g 정도씩 떼어 동글동글 빚어요.

엄지손가락으로 살짝 눌러 가며 깨소가 들어갈 공간을 만들어요.

깨소를 적당량 넣고 송편을 오므려 끝을 여며 준 뒤 원하는 모양으로 빚어요.

아이들은 틀을 사용하면 훨씬 만들기 쉬워요.

찜기에 면보를 깔고 송편을 올린 후, 물이 끓어오르면 찜기를 올려 15분 정도 쪄 주세요.

찬물에 가볍게 헹군 뒤 물과 참기름을 섞어 송편에 펴 발라요.

꼬마셰프 TIP!

가루를 뭉칠 때에는 볼이나 손에 묻지 않고 겉면이 매끄러워질 때까지 치대 주시면 됩니다. 그리고 송편 속을 넣을 때에는 가급적 속을 적게 채워야 아이도 빚기 쉽고 터질 위험이 적어요. 찌고 난 후 단맛이 아쉽다면 꿀이나 조청을 살짝 찍어 먹어도 좋아요.

COOKING

07

고기만두

설 명절에 떡국에 넣어 먹는 고기만두는 재료가 다양해서 왠지 번거로울 것 같지만 김밥 재료 준비하는 것보다 쉬웠어요. 단단한 야채만 한 번씩 데쳐 초퍼에 다 넣고 다지기만 하면 손쉽게 완성된답니다.

재료 20개 기준 40분 내외 ★난이도 ★★★

주재료 만두피 20장, 다짐육 150g, 두부 1/3모(100g), 대파 1대, 숙주나물 100g, 양배추 80g, 당면 50g
양념 재료 간장 1T, 굴소스 0.5T, 설탕(가루 알룰로스) 0.5T, 참기름 1T, 후춧가루 약간

1

MOM'S HELP 당면은 30분 정도 불려 두었다가 끓는 물에 넣어 2~3분 정도 삶아요.

2

MOM'S HELP 숙주와 양배추는 끓는 물에 살짝 데친 후 찬물에 헹궈 물기를 꼭 짜요.

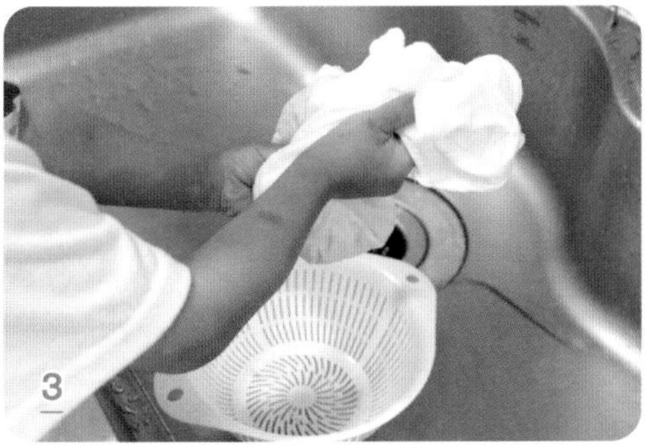

3

두부는 면보에 싸서 물기를 꼭 짜낸 후 볼에 담아 으깨요.

4

초퍼에 준비한 재료를 모두 넣고 잘게 다져요.

5

볼에 손질한 재료와 다짐육, 양념 재료를 모두 넣고 섞어요.

6

만두피에 만두속을 밥숟가락 1T 정도 올려요. 만두피 끝 부분에 물을 살짝 묻힌 뒤 반으로 접어 끝 부분을 눌러 붙여요.

7

만두의 양쪽 끝부분에 물을 묻혀 끝과 끝이 만나도록 동그랗게 말아 붙여요.

8

MOM'S HELP 찜기에 만두를 올리고 냄비에 물이 끓어오르면 찜기를 올려 15분 내외로 쪄 주세요.

꼬마셰프 TIP!

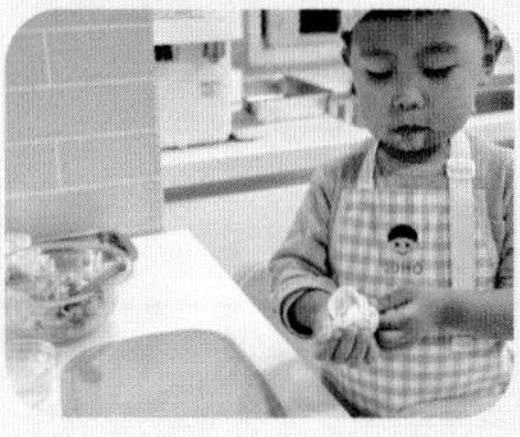

반으로 접어 만드는 만두 빚기에 성공했다면, 양 끝을 모아 동그랗게 만들어 국에 넣기 좋은 모양으로도 만들어 보세요. 말아 붙이는 게 어렵다면 반으로 접은 모양 그대로 만두국에 활용하셔도 됩니다.

COOKING

08

꼬치전

꼬치전은 명절 음식답게 알록달록 색감이 무척 화려하고 예뻐서 보는 즐거움이 더 큰 음식이에요. 순서를 정해 규칙 놀이하듯 재미있게 만들어 보세요.

재료 10개 기준 ⏰ 45분 내외 ★ **난이도** ★★☆

주재료 햄 130g, 맛살 5줄, 새송이버섯 2개, 단무지 5줄, 쪽파 100g

부재료 나무 꼬치 10개, 부침가루 1/2컵, 계란 3개(전란 2개+노른자 1개), 소금 약간

새송이버섯은 윗동을 자르고 몸통 부분의 튀어나온 부분도 반듯하게 자른 후 단무지와 같은 두께로 잘라요.

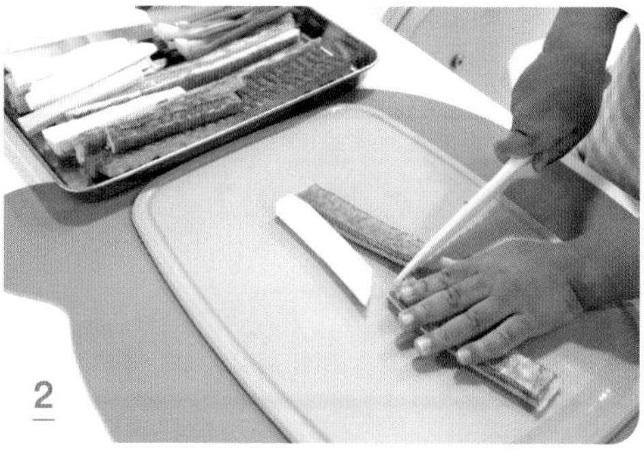

햄과 맛살은 새송이버섯 길이로 자른 뒤 단무지와 같은 두께로 썰어요.

단무지와 쪽파도 새송이버섯 길이로 잘라요.

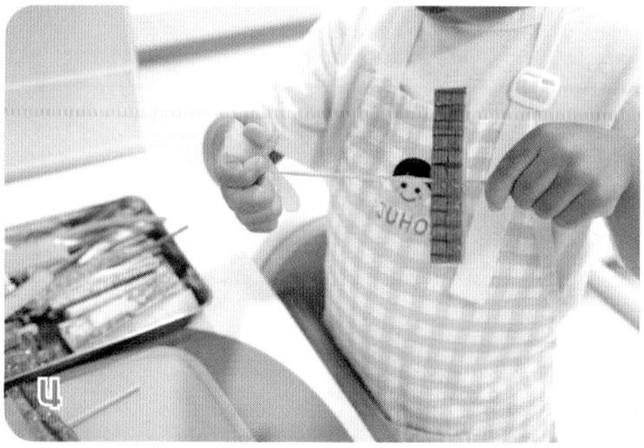

꼬치에 햄, 단무지, 쪽파, 새송이버섯, 맛살 순으로 꽂아요.

넓은 접시에 부침가루를 넓게 체 쳐요.

꼬치를 펼쳐 올리고 꼬치 위로 부침가루를 체 쳐요.

넓은 접시에 계란 두 개와 노른자 하나를 풀고 소금을 약간 넣어 섞은 뒤, 꼬치 앞뒤로 골고루 묻혀요.

MOM'S HELP 팬에 기름을 두르고 앞뒤로 노릇하게 부쳐 주세요.

꼬마셰프 TIP!

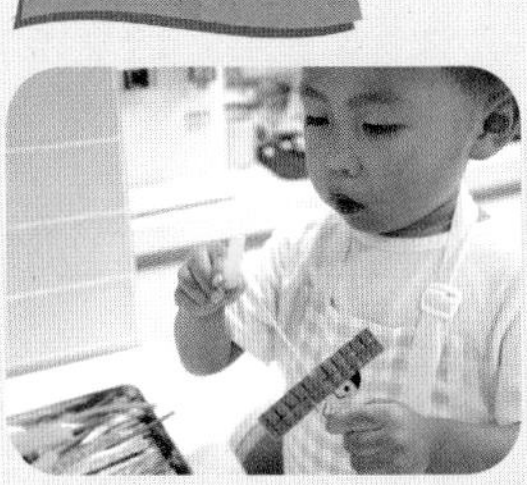

꼬치에 각 재료의 가운데 부분을 꽂아야 꽂았을 때 길이가 일정해서 예뻐요. 꼭 정확하게 꽂지 않아도 마지막에 칼로 양쪽 끝부분을 반듯하게 잘라 주면 됩니다. 잘라 낸 자투리 재료는 따로 모아 두었다가 계란물에 섞어 스크램블해서 먹어도 맛있어요.

COOKING

09

단호박식혜

주로 명절에 즐겨 먹는 식혜는 천연 소화제라고 할 만큼, 식후에 먹으면 소화를 돕는다고 알려져 있어요. 밥알을 삭히고 끓이는 데 시간이 좀 걸려도 과정이 크게 어렵지 않아서 아이와 함께 만들어 보기 좋아요.

재료 3L 기준 ⏰ 40분 내외 ★ **난이도** ★★☆

주재료 엿기름 350g, 설탕(가루 알룰로스) 70g, 물 4L | 부재료 단호박 1통, 밥 1공기, 소금 한 꼬집

베 보자기에 엿기름을 넣어요.

큰 볼에 미지근한 물(4L)을 담고 엿기름을 넣은 베 보자기를 담가 물이 뽀얗게 우러날 때까지 손으로 주물러요.

내솥에 따뜻한 밥을 넣고 엿기름을 담은 베 보자기와 우려낸 물을 솥 가득 부어요.

🍴 남은 우린 물은 볼에 그대로 두어 앙금이 가라앉도록 해 주세요.

보온 모드로 5시간 이상 두어 밥알이 동동 뜰 때까지 삭혀 주세요.

큰 냄비에 밥솥에서 삭힌 식혜를 넣고 남은 우린 물 중 앙금을 제외한 제일 위의 맑은 물만 넣어 10분 정도 같이 끓여요.

🍴 앙금을 같이 넣으면 맛은 더 진하게 우러나지만 색깔이 검게 나와요. 빛깔보다 맛이 중요한 경우 앙금을 같이 넣어 주셔도 됩니다.

6-1

MOM'S HELP 엿기름 주머니는 건져내고 설탕과 갈아 둔 단호박을 넣고 10분 정도 추가로 끓여 주세요.

6-2

MOM'S HELP 단호박은 껍질을 까고 적당한 크기로 썰어 찜기에 쪄낸 후 믹서기에 곱게 갈아 주세요.

7

냄비째로 식혀 준 후 병에 담아 조금씩 따라서 드세요.

꼬마셰프 TIP!

베 보자기에 엿기름을 넣고 주물주물 하니 물이 점점 뽀얗게 변하는 걸 보고 아이가 무척 즐거워하더라고요. 엿기름은 보리에 물을 주어 싹을 내서 말린 건데 평소에 접할 일이 거의 없으니 이 기회에 아이에게 설명해 주고 충분히 탐색하게 해 주면 좋을 것 같아요.

COOKING

10

밀푀유나베

소고기 등을 겹겹이 쌓아 만드는 전골 요리인데, 화려한 비주얼에 깊은 국물 맛이 일품이라 손님 초대 요리로도 유명해요. 생각보다 손이 많이 가지 않고 아이와 함께 만들기에도 재미있어요.

재료 3인분 기준 ⏰ 40분 내외 ★ **난이도** ★★★

주재료 알배추잎 8장, 깻잎 16장, 소고기(불고기용) 300g, 버섯(팽이버섯, 느타리버섯 등) 한줌, 청경채 1포기(약 60g)
(육수) 물 1.5L, 다시마 2~3장, 표고버섯 3개, 액젓 2T, 다진마늘 1T, 소금 약간 | (소스) 간장 2T, 식초 0.5T, 매실청 0.5T, 올리고당(액상 알룰로스) 0.5T, 다진양파 0.5T

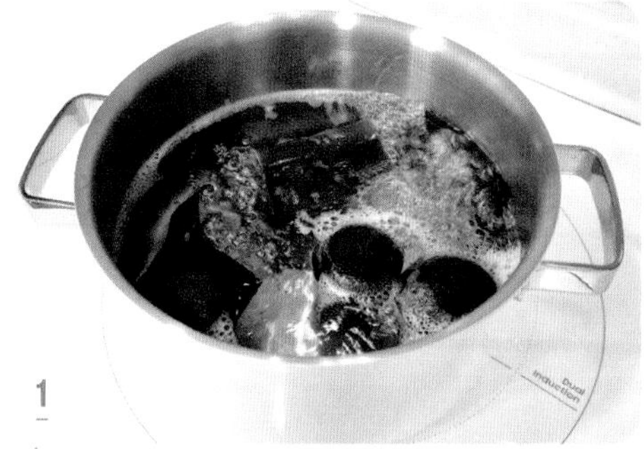

1

MOM'S HELP 물이 끓어오르면 다시마와 표고버섯을 넣어요. 5분 정도 후 다시마를 건져 내고, 10분 정도 더 끓인 후 표고버섯을 건져 내요. 액젓과 다진 마늘, 소금을 넣고 불에서 내려 주세요.

2

알배기 배추는 밑동을 자르고 한 잎씩 뜯어 깨끗이 씻고, 깻잎은 깨끗이 씻어 꼭지를 떼어 내요.

3

배추 잎을 한 장 깔고 깻잎 두 장, 소고기 1~2장을 넓게 펼쳐 올려 주세요.

4

배추 잎 한 장을 처음과 반대 방향으로 올리고 깻잎, 소고기 순으로 반복해서 올려 주세요. 이 과정을 5~6번 정도 반복해요.

5-1

5-2

겹쳐 쌓은 배추 잎을 4등분으로 자른 뒤 냄비에 켜켜이 쌓고 냄비 가운데에 버섯과 청경채를 담아요.

6

육수를 붓고 야채가 충분히 익을 때까지 끓여요.

7

볼에 소스 재료를 넣고 섞어요.

꼬마셰프 TIP!

배추와 깻잎, 소고기를 순서대로 차례차례 겹쳐 올리는 것은 처음엔 조금 헷갈려 할 수 있어요. 몇 번만 반복하다 보면 자연스레 순서를 익힐 수 있으니 충분히 해 볼 수 있게 기회를 주세요.

COOKING

11

훈제오리 무쌈말이

오리고기에는 비타민A, B와 필수아미노산, 불포화지방산이 풍부해 아이들의 근력과 면역력 강화에 아주 좋아요. 보통 겨자소스에 많이 곁들여 먹지만 아이와 함께 먹을 수 있는 소스로 만들어 보았는데 무척 잘 어울렸어요.

재료 3인분 기준 ⏰ 30분 내외 ★ **난이도** ★★☆

주재료 훈제오리 300g, 쌈무 1팩, 파프리카(빨강/노랑) 각 1/2개씩, 오이 1/2개, 무순 약간 | (소스) 마요네즈 2T, 간장 0.5T, 식초 0.5T, 올리고당(액상 알룰로스) 1T, 설탕(가루 알룰로스) 0.5T, 통깨 약간

1

MOM'S HELP 팬에 기름을 두르지 않고 훈제오리를 앞뒤로 노릇하게 구워 주세요.

2

파프리카와 오이는 비슷한 굵기로 채 썰어 주세요.

3

쌈무에 오리고기를 올리고 파프리카와 오이, 무순을 올려 주세요.

4

쌈무로 야채를 감싸 주세요.

5-1

5-2

작은 볼에 소스 재료를 넣고 잘 섞어 주세요.

COOKING

12

과일타르트

타르트쉘만 있으면 집에서도 치즈크림과 함께 여러 가지 과일을 다양하게 올려 근사한 디저트를 만들 수 있어요. 완성된 타르트 위에 애플민트나 타임을 살짝 올려줘도 정말 예뻐요.

재료 5개 기준 ⏰ 45분 내외 ★ **난이도** ★★☆

주재료 타르트쉘(9cm) 5개, 과일(샤인머스켓, 무화과, 망고 등 취향껏) 적당량

(아몬드크림) 아몬드가루 50g, 설탕 50g, 실온 버터 50g, 실온 계란 1개 *계란과 버터는 1시간 전에 상온에 꺼내 두세요

(치즈크림) 크림치즈 50g, 생크림 100g, 슈가파우더 15g **타르트쉘 만드는 법은 P.178을 참고하세요.

볼에 말랑한 버터를 넣고 잘 풀어 준 뒤 설탕을 넣고 섞어요.

계란은 다른 볼에 미리 풀어 두고 위 반죽에 2~3번 나눠 넣으며 빠르게 휘저어 섞어요.

분량의 아몬드가루를 체 쳐 넣고 섞어요.

짤주머니에 담아 타르트지에 짜 준 뒤 170도로 예열한 오븐에 13~15분 정도 구워 주세요.

MOM'S HELP 다른 볼에 생크림을 넣고 휘핑하면서 중간에 슈가파우더를 넣고 뿔이 단단하게 설 때까지 휘핑해 주세요.

미리 풀어 둔 크림치즈를 넣고 잘 섞은 치즈크림을 짤주머니에 담아요.

잘 구워진 타르트의 아몬드 크림 위에 치즈크림을 짜 올려요.

과일을 한입 크기로 썰어 취향껏 타르트 위에 올려 주세요.

꼬마셰프 TIP!

크림을 올린 타르트지에 과일을 올릴 때, 아이가 좋아하는 과자나 젤리, 예쁜 데코 픽을 함께 올려 장식해 보세요.

COOKING 13

과일칩빼빼로

달콤한 초콜릿에 새콤 달콤 건조 과일을 더하면 맛도 모양도 색다른 이색 빼빼로가 돼요. 과일 칩 외에도 아이가 좋아하는 과자나 젤리를 붙여 재미있게 만들어 보세요.

재료 15개 기준 ⏰ 25분 내외 ★ **난이도** ★★☆

주재료 스틱 과자 15개, 코팅 화이트 초콜릿 100g, 동결건조 과일칩(딸기, 바나나, 귤 등) 적당량

과일칩을 종류별로 각각 지퍼백에 넣어 잘게 부숴요.

화이트 초콜릿을 각 짤주머니에 넣고 윗부분을 집게로 단단히 봉해요.

볼에 뜨거운 물을 담고 초콜릿 짤주머니를 담가 초콜릿을 녹여요.

초콜릿이 녹으면 참깨과자를 하나씩 넣어 손잡이 부분을 제외, 초콜릿을 골고루 묻혀요.

유산지에 올린 후 과일칩을 골고루 뿌려 장식해요.

꼬마셰프 TIP!

과일칩 외에도 아이가 좋아하는 쿠키나 과자가 있다면 잘게 부숴서 겉면에 묻혀 보세요. 동글동글한 통밀과자나 씨리얼을 묻혀도 예뻐요.

COOKING

14

카네이션쿠키

스승의 날에 어린이집 선생님께 뭔가 작은 정성이라도 표현하고 싶어 만들어 봤어요. 아이도 직접 만든 쿠키를 드리면서 만드는 기쁨과 성취감은 물론 나누는 기쁨까지 느끼는 것 같았어요.

재료 12~15개 기준 ⏰ 35분 내외 ★ **난이도** ★★☆

주재료 카네이션 쿠키틀, 박력분 200g, 무염버터 100g, 설탕 70g, 계란 노른자 1개, 베이킹파우더 0.5t, 소금 약간, 바닐라익스트랙 약간(생략 가능), 백년초가루 10g, 쑥가루 1g

*카네이션의 색상을 표현할 때 식용색소를 사용하면 훨씬 더 쨍하고 선명한 색을 만드실 수 있어요.

1

버터는 1시간 정도 실온에 두어 말랑한 상태로 만든 후 볼에 담아 부드럽게 풀어요.

2

버터에 설탕과 소금을 넣고 섞은 후, 계란 노른자와 바닐라 익스트랙(생략 가능)을 넣고 한 번 더 섞어요.

3

다른 볼에 반죽의 30%를 따로 덜어 박력분 60g과 베이킹파우더 약간, 쑥가루를 한꺼번에 체 쳐 넣고 섞어요.

반죽의 농도를 일정하게 맞추기 위해 가급적 저울을 사용하여 정확히 나누어 주세요.

4

주걱으로 섞다가 손으로 반죽을 한 덩어리로 뭉쳐 지퍼백에 넣고 밀대로 밀어요(두께 0.3cm 내외).

반죽의 70%가 담긴 볼에 박력분 140g과 베이킹파우더 약간, 백년초가루를 한꺼번에 체 쳐 넣고 섞어요.

주걱으로 섞다가 손으로 반죽을 한 덩어리로 뭉쳐 지퍼백에 넣고 밀대로 밀어요(두께 0.3cm 내외).

두 가지 반죽을 냉장실에서 30~40분 정도 휴지시킨 후 꺼내요. 빨간 반죽을 위로, 초록 반죽을 아래로 나란히 붙인 후 경계선에 쿠키 커터가 걸치도록 찍어요.

MOM'S HELP 170도로 예열한 오븐에 10~11분 정도 구워 주세요.

꼬마셰프 TIP!

버터가 녹아 반죽이 질어지면 작업하기가 쉽지 않으니 잠깐씩 냉동실에 넣어 두었다가 사용하세요.

COOKING

15

미라소시지빵

할로윈 데이에 뭔가 거창한 분장이나 화려한 파티를 열지 않아도, 아이와 미라 모양의 소시지 빵을 만들며 할로윈 분위기를 느껴 보세요. 반죽과 발효 과정이 필요 없어 쉽고 간단하게 만들 수 있어요.

꼬마셰프 TIP!

페이스트리 생지가 없는 경우 간단하게 식빵으로도 만들 수 있어요. 식빵을 밀대로 납작하게 밀어 0.5cm 정도 두께로 잘라 준 뒤, 끝부분에 계란물을 살짝 발라 고정시켜 주세요.

재료 5개 기준

⏰ 25분 내외 ★ **난이도** ★★☆

주재료 소시지 4개, 냉동 페이스트리 생지(7.5 x16cm 기준) 1장, 계란 노른자 1개

(눈알 장식용) 캔디아이(눈알 스프링클) 또는 슬라이스치즈/김 약간

MOM'S HELP 끓는 물에 소시지를 넣고 데쳐 주세요.

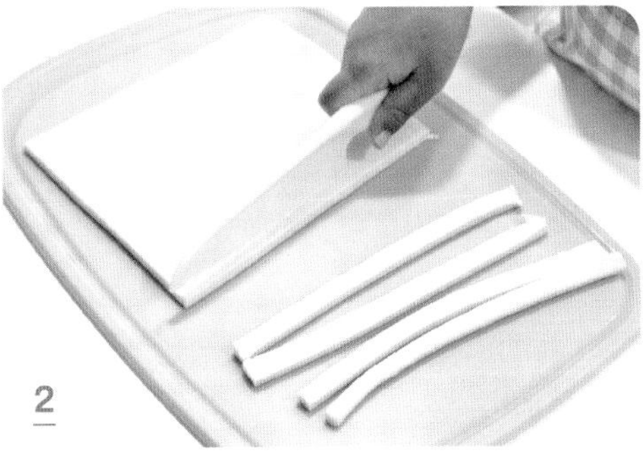

해동한 페이스트리 생지를 0.5cm 두께로 길게 잘라요.

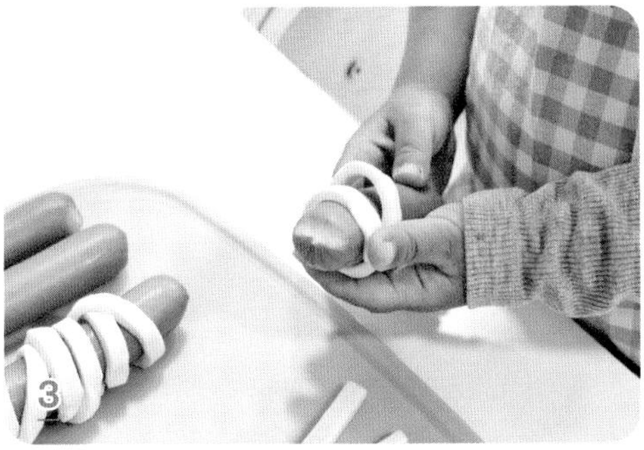

소시지에 잘라낸 생지를 지그재그로 감싸요.

생지 윗면에 계란 노른자를 붓으로 발라요.

180도로 예열한 오븐에 12분간 구워 한 김 식힌 후 눈알을 붙여요.

COOKING

16

머랭쿠키

계란 흰자에 설탕을 넣어 거품처럼 만드는 머랭은 바삭한 식감에 달콤하게 입안에서 살살 녹아 없어지는 매력에 아이들도 정말 좋아하죠. 뽀로로 크래커를 올려 구웠더니 아이가 정말 좋아했어요.

재료 40개 기준 25분 내외(굽는 시간 제외) ★ **난이도** ★★★

주재료 미니 쿠키(프레첼 또는 뽀로로 크래커 등) 40여 개, 계란 흰자 50g, 설탕 30g, 레몬즙 약간

1-1

1-2

계란의 흰자와 노른자를 분리해요.

2-1

2-2

MOM'S HELP 흰자가 담긴 볼에 레몬즙을 넣고 설탕을 2~3번에 걸쳐 나눠 넣으며 휘핑해 주세요.

설탕이 완전히 녹도록 중속으로 천천히, 단단하게 뿔이 설 때까지 휘핑해 주세요.

3-1

3-2

깍지를 낀 짤주머니에 머랭 반죽을 넣고 동그랗게 짜 주세요. *깍지번호 20

머랭 위에 크래커를 하나씩 올려요.

MOM'S HELP 100도로 예열한 오븐에 80분 정도 구워 주세요.

꼬마셰프 TIP!

머랭을 꼭 동그랗게 짜지 않아도 돼요. 아이가 좋아하는 모양으로 짠 후 원하는 곳에 쿠키를 올려 나만의 독특한 쿠키를 완성해 보세요.

COOKING 17

크리스마스 리스샐러드

만들기는 간단한데 무척 화려하고 예뻐서 연말 홈 파티 메뉴로 분위기 내기 좋은 메뉴예요. 가운데에 둥근 밥그릇을 엎어 놓고 재료를 올리면 좀 더 쉽게 만들 수 있어요.

재료 3인분 기준 · 20분 내외 · 난이도 ★☆☆

주재료 어린잎 100g, 방울토마토 10개 내외, 프로슈토 100g, 보코치니치즈 10알, 레몬 1/4개, 파마산치즈가루 약간

(소스) 발사믹 식초 2T, 올리브오일 1T, 다진 마늘 0.1t, 소금, 후춧가루 약간

1

방울토마토를 반으로 잘라요.

2

레몬을 슬라이스해서 반달 모양으로 잘라요.

3

동그란 접시에 어린잎 샐러드를 시계 방향으로 돌려 가며 원 모양으로 깔아요.

4-1

방울토마토와, 프로슈토, 보코치니치즈, 레몬을 적당한 위치에 올려요.

4-2

5

파마산치즈가루를 뿌려요.

소스 재료를 한꺼번에 넣고 섞어 주세요.

꼬마셰프 TIP!

리스샐러드는 둥근 모양으로 만들어도 좋지만 별이나 크리스마스 트리 등 아이가 원하는 모양으로 만들어 봐도 좋아요. 재료가 알록달록하고 예뻐서 어떤 모양으로 장식해도 근사한 크리스마스 요리가 완성된답니다.

COOKING 18

산타머핀

크리스마스를 맞아 집에서도 크리스마스 분위기를 느낄 수 있는 예쁜 간식 만들기를 해 보았어요. 딸기 산타는 크래커 위에 올리거나 그냥 단독으로 접시에 담아 핑거푸드로 즐기기에도 좋아요.

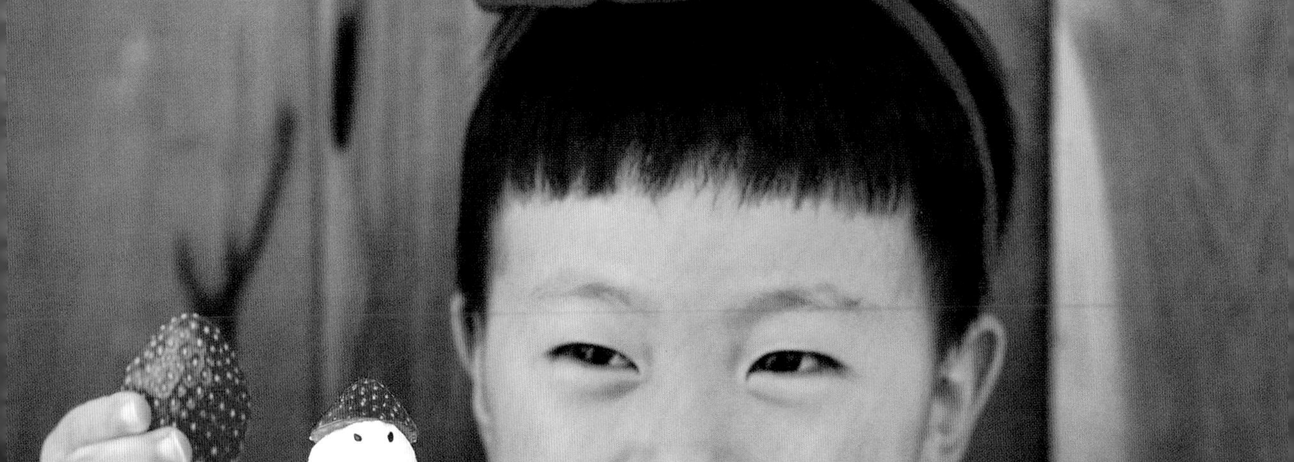

꼬마셰프 TIP!

딸기 산타의 얼굴을 만들 때 생크림을 휘핑해서 짜 넣기가 번거로운 경우, 바나나를 잘라서 딸기 사이에 꽂아 보세요. 이쑤시개로 딸기와 바나나를 고정시켜 주세요.

재료 6개 기준 ⏰ 25분 내외 ★ **난이도** ★★☆

주재료 카스텔라 머핀 6개, 딸기 5~6개, 생크림 100g, 설탕 10g

*카스텔라 머핀 만들기는 P.314를 참고하세요(머핀 만들기가 번거로우신 분들은 시판 제품을 사용하시면 됩니다).

딸기는 꼭지를 따고 1/3 지점을 칼로 잘라요.

MOM'S HELP 볼에 생크림과 설탕을 넣고 휘핑기로 뿔이 설 때까지 휘핑해 주세요.

크림을 짤주머니에 담아 머핀 위에 적당량을 짜 올려요.

머핀 위에 딸기 몸통 부분을 올리고 그 위에 생크림을 약간 짠 뒤 딸기 모자로 덮어요.

검은깨로 산타 눈을 만들어요.

카스텔라 머핀 만들기

재료 박력분 80g, 계란 2개, 설탕 80g, 무염버터 30g, 우유 25g, 베이킹파우더 2g, 바닐라 익스트랙 2g(생략 가능)

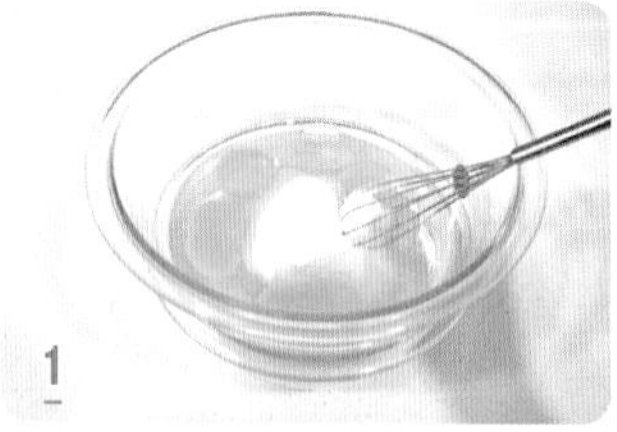

볼에 계란과 설탕을 넣고 뜨거운 물이 담긴 다른 볼 위에 올려 중탕으로 설탕이 녹을 때까지 저어 주세요(온도가 50~60도 정도 될 때까지 온도를 올려 주세요).

볼을 뜨거운 물에서 내려 휘핑기로 색이 뽀얗고 거품이 풍성하게 올라올 때까지 충분히 휘핑해 주세요.

*반죽을 떨어뜨렸을 때 자국이 2~3초간 남아 있을 정도로 휘핑해 주세요.

뜨거운 물은 버리지 말고 우유와 오일을 넣은 볼을 올려 따뜻하게 중탕해 두세요.

휘핑한 반죽에 박력분을 체 쳐 넣고 가루가 보이지 않을 때까지 살살 섞어 주세요.

중탕한 우유와 오일이 담긴 볼에 반죽을 한 국자 정도 퍼 담은 뒤 잘 섞어 다시 본 반죽에 부어 섞어 주세요.

짤주머니에 반죽을 넣고 유산지를 깐 머핀 틀에 70~80% 정도 채워 주세요.

170도로 예열된 오븐에 20분간 구워 주세요.

COOKING

19

루돌프컵케이크

과일 컵 용기에 재료를 차례차례 쌓기만 하면 쉽게 완성되는 크리스마스 디저트예요. 아직 코코아가루를 먹지 않는 아이라면 콩가루로 대체해서 뿌려 주셔도 좋아요.

재료 4개 기준 ⏰ 25분 내외 ★ **난이도** ★★☆

주재료 카스텔라 3개, 생크림 300g, 설탕 30g, 코코아가루 15g, 딸기 6~7개 | (루돌프 장식) 미니 프레첼 4개, 큰 초코볼(빨강) 4개, 작은 초코볼(검정) 8개 | (시럽) 물 50ml, 설탕(가루 알룰로스) 25g, 레몬즙 0.5T (케이크 시럽 만들기 P.267을 참고하세요)

카스텔라를 1cm 정도 두께로 슬라이스한 후 컵을 대고 컵사이즈에 맞게 동그랗게 잘라요.

딸기는 세로로 3~4등분해 슬라이스해요.

MOM'S HELP 볼에 생크림과 설탕을 넣고 단단하게 뿔이 설 때까지 휘핑 후 짤주머니에 넣어요.

투명한 컵에 카스텔라를 한 장 깔고 시럽을 발라요.

슬라이스해 둔 딸기를 컵 벽면에 붙인 후 생크림을 짜 넣어요.

6

크림 위에 카스텔라를 한 장 더 올리고 생크림을 올려요.

7

생크림을 평평하게 정리한 후 코코아가루를 체 쳐 가며 뿌려요.

8

초코볼과 프레첼을 사용해 루돌프 얼굴 모양으로 장식해요.

꼬마셰프 TIP!

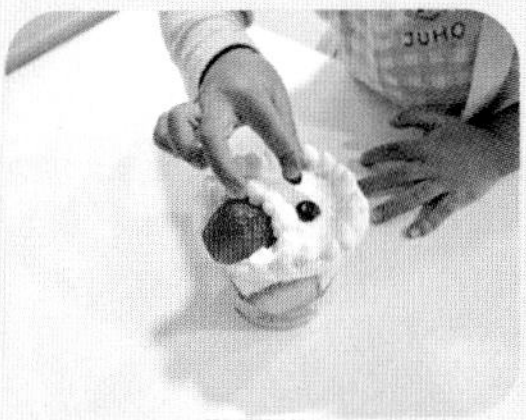

남는 생크림과 딸기를 이용하여 루돌프 얼굴 대신 산타 얼굴로도 만들어 볼 수 있어요. 반으로 자른 딸기로 산타 모자를 표현하고 생크림을 작고 동그랗게 짜서 산타 수염처럼 만들어 주시면 돼요. 초코볼로 눈, 코만 붙이면 완성!

COOKING

20

진저브레드맨쿠키

시나몬과 생강, 메이플 시럽이 어우러져 알싸하면서도 달콤한 맛을 내는, 묘한 매력이 있는 쿠키예요. 아이싱으로 예쁘게 꾸며 선물용이나 손님 접대용 디저트로도 활용해 보세요.

재료 10~12개 기준 ⏰ 45분 내외 ★ **난이도** ★★★

주재료 진저브레드 쿠키틀, (실온)무염버터 30g, 설탕 25g, 박력분 160g, 베이킹파우더 1g, 시나몬파우더 2g, 생강가루 2g, 소금 한 꼬집, 계란 1개, 메이플시럽 90g | (아이싱 재료)슈가파우더 75g, 계란 흰자 15g

볼에 실온에 둔 버터와 설탕, 메이플 시럽을 넣고 섞어요.

박력분과 베이킹파우더, 시나몬파우더, 생강가루, 소금까지 한꺼번에 체 쳐 넣고 섞어요.

반죽이 한 덩어리로 뭉쳐지면 지퍼백에 넣고 밀대로 평평하게 밀어 냉장실에서 1시간 이상 휴지시켜요.

반죽을 오븐 팬 위에 올리고 밀대로 밀어 부드럽게 되면 쿠키틀로 찍어 모양을 내요.

쿠키 모양 외의 반죽을 걷어내 주세요.

🍴 쿠키틀로 찍어낸 후 팬에 올려도 되지만, 시간이 지날수록 반죽이 점점 질어져 모양이 망가질 수 있어요.

MOM'S HELP 170도로 예열한 오븐에서 20~25분 정도 구워 주세요.

7

볼에 아이싱 재료를 넣고 주걱으로 섞은 뒤 짤주머니에 넣어요.

8

쿠키 위에 자유롭게 그려 장식해요.

다양한 색을 내기 원하는 경우, 아이싱 반죽을 나눠 담은 후 원하는 색소를 약간씩 섞어서 사용하시면 됩니다.

꼬마셰프 TIP!

진저쿠키로 진저브레드맨 모양 뿐 아니라 진저브레드 하우스도 만들 수 있어요. 똑같이 쿠키 반죽을 밀대로 밀어 냉장고에 잠시 넣어둔 뒤 원하는 모양으로 잘라서 구우시면 돼요. 반죽의 두께를 쿠키 반죽보다 약간 도톰하게 밀어 구우시면 잘 부러지지 않아요.